惯性储能交流脉冲发电机

崔淑梅　吴绍朋　著

科学出版社
北京

内 容 简 介

本书是以脉冲发电机为核心内容的专著。第 1 章给出了高功率脉冲功率技术和高功率脉冲电源的定义，进而给出了高功率脉冲电源的典型应用、分类和未来发展情况；第 2 章介绍了脉冲发电机的原理、类型和发展；第 3~5 章分别论述了脉冲发电机的电磁设计、热管理及冷却结构设计、力学性能分析方法；第 6 章论述了几种典型的脉冲发电机驱动的电磁武器负载。

本书可供从事脉冲功率技术的研究人员和教学人员参考；也可以作为高等学校相关专业本科生或硕士、博士研究生的教科书或参考书；对以脉冲发电机作为核心研究方向的专业管理人员具有较高的参考价值。

图书在版编目(CIP)数据

惯性储能交流脉冲发电机/崔淑梅，吴绍朋著. —北京：科学出版社，2015.11
ISBN 978-7-03-046360-9

Ⅰ. ①惯… Ⅱ. ①崔… ②吴… Ⅲ. ①脉冲电源-交流发电机-研究
Ⅳ. ①TM34

中国版本图书馆 CIP 数据核字(2015) 第 269967 号

责任编辑：刘凤娟 鲁永芳/责任校对：邹慧卿
责任印制：张 伟/封面设计：铭轩堂

科学出版社 出版
北京东黄城根北街 16 号
邮政编码：100717
http://www.sciencep.com

北京教图印刷有限公司 印刷
科学出版社发行 各地新华书店经销

*

2015 年 11 月第 一 版　开本：720×1000　1/16
2015 年 11 月第一次印刷　印张：10 1/4　插页：2
字数：200 000
定价：78.00 元
(如有印装质量问题，我社负责调换)

前　言

脉冲功率技术产生于 20 世纪 30 年代，20 世纪 60 年代之后得到了迅速发展，近年来更是在多个领域进入实用化阶段。高功率脉冲电源是脉冲功率系统的主要组成部件，其技术的发展直接制约着脉冲功率技术的发展和应用。脉冲发电机具有能量密度和功率密度高，集惯性储能、机电能量转换和脉冲成形于一体的单元件综合性优势。在国民经济的各个领域中得到了越来越多的重视和发展，尤其在军事领域，它作为电磁发射、电磁弹射以及微波、激光等定向能武器的高功率脉冲电源，得到了各国和地区的高度重视，美国、欧洲、俄罗斯以及中国等对其研究投入了大量的科研人员和经费支持。

本书广泛吸纳了国际上尤其是美国脉冲发电机顶级研究机构的文献资料，重点结合了哈尔滨工业大学多年来在该方向上的研究成果和实际经验，以脉冲发电机为核心部件，对整个脉冲发电机系统进行了系统的介绍，包括脉冲发电机的原理及发展、电磁设计、热管理分析、力学性能分析、电磁武器负载及建模。

本书由崔淑梅和吴绍朋撰写。在编写过程中，得到了哈尔滨工业大学电气工程系电磁与电子技术研究所脉冲发电机课题组赵伟铎博士、李茜元博士、万援博士、王少飞博士、吴松霖博士等的大力协助，他们在脉冲功率技术及脉冲发电机研究方面做出了很大的贡献，并为本书的编写提供了有意义的资料，在此表示深深的谢意。

在编写过程中，参考了很多国内外文献资料，在此一并表示感谢。

由于作者水平有限，书中不妥之处在所难免，恳请专家和读者批评指正。

作　者
2015 年 8 月于哈尔滨工业大学

目　　录

前言
第1章　高功率脉冲电源技术概述 ·· 1
1.1　脉冲功率技术 ··· 1
1.2　高功率脉冲电源 ·· 4
1.3　高功率脉冲电源的典型应用 ·· 5
1.3.1　工业应用 ·· 5
1.3.2　军事应用 ·· 8
1.4　高功率脉冲电源种类 ·· 12
1.4.1　电容储能式脉冲电源 ·· 12
1.4.2　电感储能式脉冲电源 ·· 15
1.4.3　化学能脉冲电源 ·· 17
1.4.4　惯性储能式脉冲电源 ·· 20
1.5　脉冲功率技术的未来发展情况 ·· 26
参考文献 ··· 27

第2章　脉冲发电机基本理论 ·· 28
2.1　脉冲发电机的原理 ·· 28
2.1.1　常规发电机的基本原理 ··· 28
2.1.2　脉冲发电机的基本结构 ··· 29
2.1.3　脉冲发电机的工作原理 ··· 31
2.1.4　脉冲发电机的工作过程 ··· 35
2.2　脉冲发电机的类型 ·· 36
2.2.1　补偿形式分类 ·· 36
2.2.2　励磁方式分类 ·· 38
2.3　脉冲发电机的发展 ·· 39
参考文献 ··· 47

第3章　脉冲发电机的电磁设计 ··· 49
3.1　脉冲发电机主要尺寸、储能和功率的关系 ································· 49
3.1.1　主要尺寸与储能的关系 ··· 49
3.1.2　主要尺寸与功率的关系 ··· 50
3.2　电机极数与相数的选择原则 ··· 51

3.2.1　极数选择原则 ································· 51
　　3.2.2　相数选择原则 ································· 51
3.3　脉冲发电机的空载磁场分析 ························ 52
　　3.3.1　空芯电机 ····································· 53
　　3.3.2　非空芯电机 ·································· 54
3.4　脉冲发电机的关键参数计算 ························ 56
3.5　脉冲发电机的放电特性分析 ························ 58
　　3.5.1　脉冲发电机放电过程的分析 ··················· 58
　　3.5.2　影响脉冲发电机放电电流因素的分析 ··········· 61
　　3.5.3　空芯脉冲发电机自激建立条件的分析 ··········· 63
3.6　脉冲发电机数学模型 ······························ 65
　　3.6.1　相坐标系下空芯脉冲发电机的数学模型 ········· 66
　　3.6.2　交直轴坐标系下空芯脉冲发电机的数学模型 ····· 68
3.7　脉冲发电机有限元建模方法 ························ 71
3.8　脉冲发电机设计流程 ······························ 73
3.9　设计实例 ·· 74
　　3.9.1　双轴补偿的提出 ······························ 74
　　3.9.2　双轴补偿空芯 CPA 的等效电感分析 ············· 76
　　3.9.3　双轴补偿空芯 CPA 的双轴匹配设计 ············· 78
　　3.9.4　双轴补偿空芯 CPA 的设计参数及仿真模型 ······· 79
　　3.9.5　双轴补偿空芯 CPA 的单脉冲放电特性分析 ······· 80
　　3.9.6　双轴补偿空芯 CPA 的多脉冲放电特性分析 ······· 86
参考文献 ·· 90

第 4 章　脉冲发电机的热管理研究 ··················· 91
4.1　脉冲发电机温度场分析 ···························· 91
　　4.1.1　基本传热学理论 ······························ 91
　　4.1.2　电机温度场计算方法 ·························· 92
　　4.1.3　空芯 CPA 温度场分析 ························· 94
　　4.1.4　空芯 CPA 温度场分析实例 ····················· 102
4.2　脉冲发电机冷却计算基础 ·························· 107
　　4.2.1　计算流体动力学基础 ·························· 107
　　4.2.2　Ansys CFX 流场计算的主要步骤 ················ 108
　　4.2.3　电机冷却方式 ································ 110
4.3　脉冲发电机的冷却设计 ···························· 111
　　4.3.1　主动冷却结构 1 ······························ 111

4.3.2　主动冷却结构2 ·· 113
　　　4.3.3　两种冷却结构的比较 ·· 116
　参考文献 ··· 116

第5章　脉冲发电机力学性能 ·· 118
　5.1　脉冲发电机力学性能的分析理论 ··· 118
　　　5.1.1　脉冲发电机的机械应力 ·· 118
　　　5.1.2　脉冲发电机的电磁应力 ·· 119
　5.2　脉冲发电机的应力研究方法 ··· 120
　　　5.2.1　机械应力的研究方法 ··· 120
　　　5.2.2　电磁应力的研究方法 ··· 122
　5.3　脉冲发电机应力场分析 ·· 124
　　　5.3.1　电磁应力分析 ·· 125
　　　5.3.2　机械应力分析 ·· 128
　5.4　脉冲发电机动力学特性研究 ··· 136
　　　5.4.1　高速转子动力学研究现状 ··· 137
　　　5.4.2　临界转速及模态分析 ··· 137
　参考文献 ··· 138

第6章　脉冲电源的电磁武器负载 ·· 140
　6.1　轨道炮 ·· 140
　　　6.1.1　基本原理 ·· 140
　　　6.1.2　负载特性 ·· 141
　　　6.1.3　关键技术问题 ·· 143
　6.2　线圈炮 ·· 145
　　　6.2.1　基本原理 ·· 145
　　　6.2.2　关键技术问题 ·· 147
　6.3　电热化学炮 ·· 148
　　　6.3.1　电热化学炮的工作原理 ·· 148
　　　6.3.2　电热化学炮的负载特性 ·· 149
　　　6.3.3　未来发现前景与关键技术 ··· 150
　6.4　空芯CPA及其负载系统的联合仿真模型 ······························· 153
　参考文献 ··· 154

彩图

第1章 高功率脉冲电源技术概述

脉冲功率技术与高功率脉冲电源产生于20世纪30年代，20世纪60年代之后得到了迅速发展，并逐渐形成独立学科的新兴技术领域。高功率脉冲技术是国防、航天等领域的重要技术基础[1-20]。

1.1 脉冲功率技术

脉冲功率技术，是把较小功率的能量以较长时间慢慢输入储能元件中，将能量进行压缩与转换，然后在极短的时间内（最短可为纳秒）以高峰值功率向负载释放的电物理技术，其实质上是输出功率对输入功率的放大。

由能量与功率及时间的关系：$E = Pt$ 可知，当能量恒定时，储能元件（如电容器、电感器、储能飞轮等）经过较长时间能量存储，在极短的时间内释放，将会产生较高的功率，脉冲功率压缩原理示意图如图1-1所示。

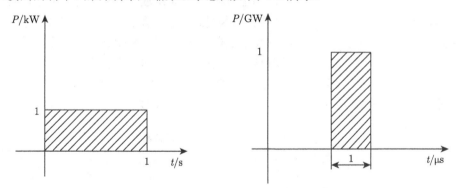

图1-1 脉冲功率压缩原理示意图（能量 E 恒定）

脉冲功率技术以高电压、大电流、高功率、强脉冲为主要特点，研究的主要内容是能量储存与高功率脉冲的产生及应用，主要包括：①能量储存技术；②高功率脉冲的产生技术；③脉冲开关技术；④脉冲大电流测量技术。

脉冲功率系统一般包括以下几个部分：初级供能能源、储能或脉冲发电系统、脉冲成形或能量时间压缩系统、受能负载装置，如图1-2所示。前三部分组成了高功率脉冲电源。

脉冲功率系统初级能源的储能方式有多种，包括：以电场形式储能的电容器、以磁场形式储能的电感器、机械能发电机、化学能装置以及核能等。表 1-1 为四种常用储能系统的典型参数。

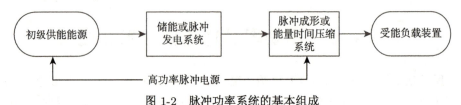

图 1-2 脉冲功率系统的基本组成

表 1-1 四种常用储能系统的典型参数

储能方式	储能器	储能密度		储能/J	脉冲参数			
		J/g	J/cm³		功率/W	电压/V	电流/A	脉宽/s
电容	脉冲电容器	0.1	0.1~0.5	2.5×10^7	$10^{10}\sim10^{14}$	$10^6\sim10^7$	$10^7\sim10^8$	$10^{-8}\sim10^{-1}$
电感	电感器	2~5	0.5~5	$10^8\sim10^{10}$	$10^9\sim10^{12}$	10^5	10^7	$10^{-3}\sim1$
	超导电感器	36~50	40~100	$10^8\sim10^{14}$	10^{11}	3×10^5	10^5	$10^{-3}\sim10^{-2}$
机械	脉冲发电机	1.5~10	100	$10^9\sim10^{11}$	$10^9\sim10^{10}$	$10^4\sim10^5$	$10^5\sim10^7$	$10^{-3}\sim1$
	单极发电机	3~15	—		10^{10}	900	—	$10^{-2}\sim10$
化学	高级炸药	5000	—	4.2×10^7	10^{12}	$10^4\sim10^6$		$10^{-6}\sim10^{-4}$

开关元件的参数和特性对脉冲的上升时间、幅值等产生最直接、最敏感的影响，因此开关元件在脉冲功率系统中占有特殊的地位。在脉冲功率系统中，常用的传统开关有机械开关、油浸开关、火花隙开关、闸流管、真空开关管、等离子体开关、电爆炸导体开关、电子束控制反射断路开关等，这些开关技术已经很成熟，在脉冲功率系统中使用很广泛。近年来，又有一些高性能开关不断涌现，如磁开关、半导体开关、光导开关等。表 1-2 是几种常用开关的主要参数。

表 1-2 几种常用开关的主要参数

名称	工作电压/kV	峰值电流/kA	开关速度/级	重复频率/Hz	寿命
油浸开关	290	3	ms	200	短
火花隙开关	100	40	ns	125	短
闸流管	30	50	ms	10	中等
真空开关管 (V1)	50	100	ns	10	中等
等离子体开关 (POS)	4250	750	ns	100	中等
磁开关	250	40	ns	1000	长
门极可关断晶闸管 (GTO)	6.5	140	μs	300	长
绝缘栅晶体管 (IGBT)	6.5	3	μs	150	长
反向开关晶体管 (RSD)	3.5	250	ns	1000	长

在脉冲功率系统中，脉冲大电流一般具有电流峰值大、上升时间和下降时间均

很短、主脉宽不长且变化非常迅速等特点，因此，脉冲电流测试是脉冲功率技术的关键技术之一。图 1-3 为脉冲电流测量系统示意图。

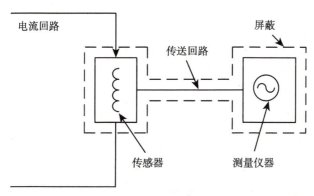

图 1-3　脉冲电流测量系统示意图

从被测电流的回路开始，传感器取出与之成比例的电物理量，经过适当的传送回路送到测量仪器上。

1938 年，美国人金登 (Kingdon) 与坦尼斯 (Tanis) 首次提出用高压脉冲电源产生微秒级脉宽的闪光 X 射线。1939 年，苏联人制成真空脉冲 X 射线管并把闪光 X 射线照相技术应用于弹道学与爆轰物理学实验，采用高压脉冲电容器并联充电、串联放电方式来获得高电压脉冲。1947 年，英国人布鲁姆林 (Blumlein) 以专利的形式将传输线波的折反射原理用于脉冲形成线，在纳秒级脉冲放电方面取得了突破。1962 年，马丁 (J. C. Martin) 领导的小组，将马克思 (Marx) 发生器与布鲁姆林的专利结合，建造了世界上首台强流相对论电子束加速器 SOMG(3MV, 50kA, 30ns) (MV 表示兆伏，kA 表示千安，ns 表示纳秒)，脉冲功率达到太瓦 (TW, 10^{12}W) 量级。之后大型脉冲功率装置迅速发展，1986 年建成 PBFA-Ⅱ (第二代粒子束聚变加速器) 装置，峰值电压为 12MV、电流为 8.4MA、脉宽为 40ns，其二极管束能为 4.3MJ，脉冲功率为 10^{14}W，是世界上首个超过 100TW 的大型脉冲功率装置。

目前，国内研究脉冲电源技术的有中国科学院等离子体物理研究所、中国科学院高能物理研究所、中国科学院电工研究所、哈尔滨工业大学、华中科技大学、清华大学等单位，它们的研究水平居于国内领先地位。如今国内已有 20 多台 Marx 装置在运行，居首者是 1979 年核工业西南物理研究院建成的"闪光Ⅰ号"装置；20 世纪 90 年代以后，国内相继又建成的装置有西北核技术研究所的"闪光Ⅱ号"，中国工程物理研究院和中国科学院上海光学精密机械研究所的"神光二号"。几种典型脉冲功率装置的技术参数如表 1-3 所示。

表 1-3 几种典型脉冲功率装置的技术参数

型号	电压/MV	电流/MA	脉宽/ns	功率/TW
Hermes-I (美国)	10	0.1	80	1.0
Aurora(美国)	14	4×0.4	120	22.4
PBFA-II (美国)	12	8.4	40	100.8
ANGARA-I (俄罗斯)	1	1	60	1
ANGARA-5M(俄罗斯)	2	0.5	100	1
А Н rapa-5(俄罗斯)	2	40	90	80
ETIGO-II (日本)	3	0.4	60	1.2
Raiden-IV (日本)	1.4	1.4	50	1.96
SMOG(英国)	3	0.05	30	0.15
APEX(英国)	36	3	80	108
闪光 I (中国)	8	0.1	80	0.8
闪光 II (中国)	0.9	0.9	70	0.81

1.2 高功率脉冲电源

高功率脉冲电源是为脉冲功率装置提供电磁能量的电源，是脉冲功率装置的主体部分。高功率脉冲电源的主要特点是先以较低功率缓慢积聚能量，再瞬时集中释放高功率和大能量。通常把在时间 $10^{-9} \sim 10^{-3}$s 内产生能量 $10^6 \sim 10^9$J，脉冲功率达 $10^6 \sim 10^{14}$W 的电脉冲装置定义为高功率脉冲电源。

高功率脉冲电源主要由初级能源(输入级)、中间储能以及能量转换和释放系统(输出级)组成。初级能源为小功率的能量输入设备，如电容器的充电机、电感线圈的励磁电源、惯性储能电机的拖动电机，其能源来自电网；中间储能设备有以电容器和 Marx 发生器为例的电场储能，以常温或超导电感线圈为例的磁场储能，以各类具有转动惯量的脉冲发电机为主的惯性储能，以蓄电池、磁流体发电机、爆炸磁通压缩发生器为代表的化学储能，以及以核能磁流体发电机为例的核能初级能源等；能量转换与释放系统主要包括各种大容量闭合开关和断路开关及各种波形调节电路。

高功率脉冲电源技术以高电压、大电流、高功率、强脉冲及高品质波形为特点，是一个综合电机电器、高电压工程、变流技术、电力电子学、精密电气测量、自动控制、继电保护、接地技术与电磁兼容的多专业交叉的综合性学科。其在核爆炸模拟、受控核聚变试验、强流粒子束加速器、高功率脉冲激光器、高功率微波、定向能武器、电磁发射、电磁弹射、电磁推进、电磁成形、材料表面处理及半导体离子注入等近代科学、国防科研和高技术领域有着重要的科学意义与应用价值。同时在新的应用领域，诸如污水、废气和各种有害物质的处理等环境保护方面也有着广阔的应用前景。

高功率脉冲电源的核心技术是研究高储能密度(kJ/kg)与高功率密度(kW/kg)的脉冲功率储能系统，并且要求脉冲放电波形可调节性好、系统内阻小以满足不同负载的需要，还要求脉冲重复性好，系统构成简单与低成本等，因此提高储能密度、提高可重复频率、轻型化、小型化与实用化是其未来研究的方向。

国际上正在大投入地进行研究以提高各种储能系统储存能量的能力。在电化学储能方面，美国与日本研究发展了高功率密度蓄电池以弥补该储能系统功率密度低的缺点，美国的锂金属硫化物蓄电池功率密度达到了250~340W/kg，日本采用的钠硫化物的蓄电池效果较好，但蓄电池的发热与密封的问题仍需亟待解决。

在高储能密度电容器方面，主要方向一个是高强度电介质电容器，另一个是电解质电容器，目前这两种电容器均达到十几kJ/kg数量级的水平，储能密度达36kJ/kg。

在惯性储能方面，有直流发电机、同步发电机、单极发电机、高性能盘式交流电机、补偿脉冲发电机(compensated pulsed alternator, CPA)、旋转磁通压缩机等，根据不同的负载要求选择不同的惯性储能方式。

高功率脉冲电源技术主要包括储能技术、能量转换和功率放大、高功率开关技术、高压绝缘技术和控制技术等，属于一门典型的交叉学科。

1.3　高功率脉冲电源的典型应用

1.3.1　工业应用

1. 环境工程领域的应用

1) 脉冲净化工业废气

工业废气净化常采用脉冲电晕等离子体法净化废气技术，也称为纳秒级高压脉冲电晕放电产生等离子体化学技术。其机理是利用前沿陡峭窄脉宽(小于纳秒级)的高压脉冲电晕放电，在常温下获得非平衡等离子体，即产生大量的高能电子和O、OH等活性粒子，对工业废气中的有害气体分子进行氧化、降解等，使污染物转化为低毒或无毒物质。

脉冲电晕等离子体法脱硫脱氮技术研究主要集中在高压窄脉冲电源研制、反应器结构优化、脱硫脱氮等离子体化学反应机理及添加剂选取等方面。其采用的脉冲式变压器电源原理如图1-4所示，其直流高压电源DC通过电感L和变压器T对电容C谐振充电到峰值后接通开关S，使电容C放电形成脉冲。脉冲变压器式电流技术较为成熟，但因采用了变压器铁芯材料而限制了脉冲前沿的陡度。

2) 脉冲放电处理污水

采用高电压技术处理难处理的工业污水是当前研究热点之一。汽水相间的混合

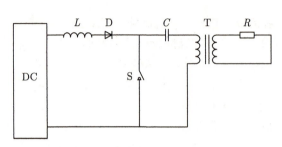

图 1-4 脉冲式变压器电源原理图

系统中施加高压窄脉冲可实现气体电晕放电。外加电压幅值为 10kV，上升时间为纳秒级的高压脉冲时，电晕放电产生的电子温度高达几百摄氏度，而离子和中性气体温度接近常温。被这种非平衡等离子体包围的水滴同时承受 4 种效应：高能电子轰击、电晕放电产生的臭氧对水滴的杀菌消毒、放电产生的紫外线对水滴起光化学处理作用、放电等离子体中产生活性自由基。它们的共同作用使难处理的工业污水得到了快速净化。该项技术的研究主要集中在高压窄脉冲电源的设计和等离子体生成法的优化设计上。

3) 脉冲静电除尘

脉冲静电除尘技术，就是用脉冲电源代替传统的直流电源，以提高除尘效率的一种技术。采用脉冲供电时，除尘器粉尘层的等效电容在脉冲施加期间只充上很少的电荷，在脉冲消失期间所充电荷基本放完。除尘器粉尘层不会因积累电荷形成高电压而造成反电晕，故脉冲供电电源除尘器的除尘效果优于直流电源供电的除尘器。其原理图如图 1-5 所示，E_p 为电除尘的本体，其吸尘极接地。电晕线为线柱，隔离二极管 D_2 接电压可调的基础直流高压电源 E_2 的负极，其电压值通常调到接近临界电晕电压。脉冲供电电源由可调直流电压源 E_1、滤波限流电感 L_1、谐振储能电容 C_1、快速晶闸管 D_T 的反馈二极管 D_1 及谐振电感 L_2 组成的谐振电路构成。脉冲频率和占空比的调节可以通过控制晶闸管 D_T 的触发脉冲来实现，脉冲宽度则由谐振回路的参数决定。

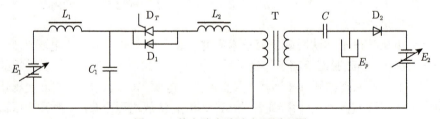

图 1-5 静电除尘脉冲电源原理图

4) 脉冲电场杀菌

高压脉冲电场对几十种与食品有关的微生物具有良好的杀菌作用，如大肠杆菌、枯草菌、短乳菌、啤酒酵母、金黄色葡萄球菌、产朊假丝酵母、粪链球菌及黏质沙雷氏菌等。关于脉冲电场杀菌机理，主要有细胞膜穿孔效应、黏弹极形成模型、电磁效应、电解产物效应及臭氧效应等。

5) 脉冲制取臭氧

臭氧制取技术也开始采用脉冲电源。脉冲制取臭氧的原理是在突变电场 (高频或脉冲电场) 作用下，使空气中的部分氧气分解成氧原子，并在瞬间重新结合成臭氧，是氧的同素异形转变过程。目前臭氧技术的主要问题是生产效率低、能耗高。臭氧制备的理论效率为 $2kg/(kW·h)$，实际上用空气制取的效率仅为 $46\sim58g/(kW·h)$，采用高压脉冲技术可提高臭氧的生产效率。

2. 油田领域中的应用

脉冲功率技术适用于原油破乳、油水井除垢、降黏、解堵、增渗、增产、增注。在石油采取过程中，原油的破乳对原油开采、集输和加工都极其重要。在破乳中，纳秒级的上升沿主要是用来产生等离子体，使乳状液内的离子含量增加，提高液滴破乳的效率，同时陡峭的上升沿能够增加介质的击穿电压，并辅助窄脉宽可以使很高电压的脉冲加载在反应器上而不会发生击穿，提高注入的功率。电破乳技术是利用乳状液中液滴所含的离子在高压电场的作用下发生极化，两个被电场所极化的液滴在电场作用力下挤破液膜的束缚和乳状液之间的排斥力，液滴互相聚集、融合，并在重力作用及油水不相容的作用下从油中析出。油水分离如何避免破乳剂的添加，根据高压脉冲破乳的特性和原理设计高性能的符合要求的电源是关键。脉冲电源产生的高压脉冲要满足产生等离子体的条件，需电压足够高，脉冲上升沿足够快，同时脉冲脉宽要很窄。采用脉冲的脱水方法对环境无污染，并且有较高的脱水效率。

3. 电磁成形中的应用

电磁成形属于高能 (高速率) 成形技术，电磁成形排除了爆炸成形的危险性，较之电液成形更方便。从 20 世纪 50 年代末，电磁成形在国内外迅速发展起来，成为金属塑性加工的一种新的工艺方法，深受各工业国的高度重视。

板材电磁成形原理如图 1-6 所示，将电能储存在高压电容器中，当高压开关闭合时，电容器向线圈中快速放电 (微秒级)，从而在回路中产生急剧变化的电流，依据电磁感应定律可知，圆线圈周围将产生变化的磁场。随着电容器的不断充放电，在圆线圈周围将产生变化的脉冲磁场，当脉冲磁场穿过工件时就会在金属工件中产生感应电流 (涡流)，因此，金属工件就成为带电体。根据电磁学知识可知，带电的金属工件处于急剧变化的磁场中就会受到磁场力的作用，当磁压力达到材料的屈服强度时，金属工件将发生相应的塑性变形，达到金属零件成形的目的。

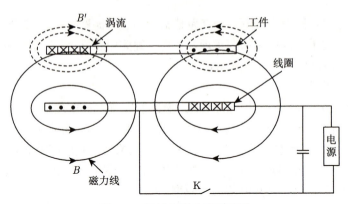

图 1-6 板材电磁成形原理图

在 21 世纪,要求塑性加工技术向着更精、更省、更净的方向发展,追求高效率、高质量、低消耗、低成本,成形过程要求绿色无污染。成形工件(毛坯)将由近净成形向无余量的净成形发展,产品开发周期要短,生产工艺应具备快速市场响应能力。利用大功率脉冲放电产生的强磁场进行金属成形加工,包括对金属工件正成形和负成形的加工,此时力的传递是借助工件材料内的电子受力而实现的,力的传递可无机械接触,不存在高温,工件剩余应力小,具有良好的可控性和重复性,材料微观变形均匀、加工质量好,并且生产效率高。这些优点使得电磁成形技术必将成为金属塑性加工中的重要方法之一,在众多工业领域中得到越来越广泛的应用。

我国电磁成形技术的研究始于 20 世纪 60 年代。20 世纪 70 年代末期,哈尔滨工业大学开始研究电磁成形的基本理论和工艺,并在实验装置的基础上,于 1986 年成功研制出我国首台生产用的电磁成形机。目前国内有多所高等院校和研究所开展了电磁成形技术的研究,并使之应用于实际生产。

1.3.2 军事应用

1. 电磁发射技术中的应用

发射技术来自于战争中的武器推进,发射技术可分为机械发射、化学发射、电磁发射。电发射技术是利用电能发射物体的发射技术,主要包括电磁发射技术与电热发射技术。电磁发射技术是借助电磁能做功,将电磁能转化为弹丸等有效载荷动能的一种发射技术。电热发射技术是利用电能加热产生等离子体(或化学气体)发射物体的发射技术。与常规的化学发射方式相比,电磁发射方式具有明显的优势。电磁发射能提供较大动能,可将弹丸等有效载荷加速到化学发射方式难以达到的超高初速与发射速度,且速度易调控、精度高、射程远、威力大,发射过程不易受干扰,无噪声、无烟雾效应产生。该技术可以应用于电磁炮弹与导弹的发射,也可以应用于飞机电磁发射系统,在超远程压制、防空反导、微小卫星发射等领域也具有重要的应用前景。

电磁发射装置主要由发射装置本体、被发射的组件与高功率脉冲电源三部分组成，发射装置本体是脉冲电源的负载，由脉冲电源向其提供强电流，被发射的组件由发射的有效负载及其承载机构组成，高功率脉冲电源是电磁发射装置中最为关键的部分。

20世纪70年代，堪培拉的澳大利亚国立大学试验了第一门电磁炮（轨道炮），将3g重的塑料块加速到6km/s的速度，显示了电磁发射武器的巨大潜力。从此，电磁发射技术在军事上的应用成为研究热点，并开始了长足的发展。目前，美国在此领域的研究处于国际领先水平。

电磁炮作为发展中的高技术武器，被世界各国海军所重视，把它作为未来新式武器，其军事用途十分广泛。相对于传统的火炮而言，电磁炮武器有以下优势：

(1) 电磁推动力大，弹丸速度高。电磁发射的脉冲动力约为火炮发射力的10倍，因此它发射的弹丸速度很高。

(2) 弹丸稳定性好。电磁炮弹丸在炮管中的推力为电磁力，这种力量是非常均匀的，且易控制，所以弹丸稳定性好，可提高炮弹打击精度。

(3) 隐蔽性好。电磁炮在发射时不产生火焰和烟雾，也不产生冲击波，因此比较隐蔽，不易发现。

(4) 弹丸发射能量可调。可根据目标性质和射程大小快速调节电磁力的大小，从而控制弹丸发射能量。

(5) 比较经济。与常规武器比较，火炮发射药产生1J能量需要10美元，而电磁炮只需要0.1美元。

电磁炮可分为轨道炮、电热炮、线圈炮与重接炮。线圈炮与轨道炮原理相似，都是利用电磁力将炮弹加速至相应的发射速度，以炮弹的大动能为目标的杀伤性武器。电热炮常采用的是在炮弹的尾部加上等离子体燃烧器，当在等离子体燃烧器的电极上加上高电压时，便可产生电弧，使等离子体过热成为高压等离子体，进而给弹丸加速。重接炮是一种多级加速的无接触电磁发射装置，但要求炮弹进入重接炮之前要有一定的初速度，是电磁炮的最新发展形式。

在电磁武器系统中高功率的脉冲电源是系统的重要组成部分，脉冲电源的发展决定了电磁武器的发展。脉冲电源主要趋向于高功率密度、高能量、小型化的发展，同时还需考虑脉冲电源的高频率重复发射下的稳定型与使用寿命。图1-7为两个典型的电磁炮工程模型样机。

在许多年前，美国海军已经开始对大型电磁轨道炮远距离（超过200mi[①]）发射进行研究并取得了一定的进展。为达到有效载荷范围，炮弹直径为150mm，轨

---

① 1mi=1.609344km。

(a) 32MJ 电磁炮 (英国航空航天系统公司)

(b) 闪电系列电磁炮 32MJ (美国通用原子能公司)

图 1-7　典型的电磁炮工程模型样机

道长度为 10~12m，发射质量预计将超过 20kg，如拥有 2km/s 的初速度，相应的炮口能量将大于 60MJ。这将需要脉冲功率系统每次提供超过 100MJ 的能量到轨道炮膛。对于后膛馈能单轨系统，这种能量脉冲将超过 5MA，电压高达约 20kV。典型的脉冲宽度只有几毫秒，对应的是弹丸整体通过筒体的时间。理想的脉冲形状，将减小峰值至平均值的加速力和加速波动，同时确保弹丸离开枪口前无显著的电流中断。图 1-8 为脉冲发电机驱动轨道炮系统的组成。

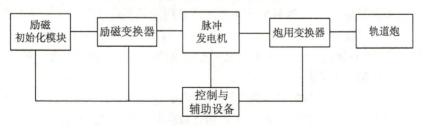

图 1-8　脉冲发电机驱动轨道炮系统的组成

2. 电磁弹射技术中的应用

电磁弹射技术是采用电磁能来推动被弹射的物体向外运动的电磁技术。电磁弹射系统的主要部件是线性同步电动机、盘式交流发电机和大功率数字循环变频器。

用于替代飞机弹射用蒸汽动力弹射器的飞机电磁弹射系统 (EMALS)，是海军电磁弹射的研究热点。图 1-9 为储存数百兆焦能量的一个旋转电机作为驱动脉冲电源方案的飞机电磁弹射系统概念图。

图 1-9　飞机电磁弹射系统概念图

储能装置是电磁弹射器的核心部件，它不仅缓解了发电机的压力，同时在弹射器不工作时吸收发电机的能量，使发电机几乎不受冲击性负荷的影响。

电磁弹射器具有加速均匀且力量可控的优点。电磁弹射器的推力启动段没有蒸汽那种突发爆炸性的冲击，峰值过载从 6g 可以降低到 3g，这不仅对飞机结构和寿命有着巨大的好处，对飞行员的身体承受能力也是一个改善。此外，由于电磁弹射的加速和弹射器的长度没有关系，除了受到气动阻力和摩擦阻力的影响外，弹射初段到末段的基本加速度不会出现太大的波动，整个弹射阶段效率更高。根据计算，平均加速度一样时，采用电磁弹射器可以比蒸汽弹射器让飞机多载重 8%～15%。对航母的设计是针对海军操作人员来说的，电磁弹射器不仅可将机库甲板的占用面积缩减到原来的 1/3，而且质量还轻了一半，大幅减轻了高过重心位置的质量，对航母的稳性设计是一个有益的举措。

电磁弹射器具有很大的能量输出调节范围。蒸汽弹射器的可调节性能输出极限约为 1:6，而电磁弹射的功率输出是由电路系统控制的，在 1:100 以内的变化是相当容易的。海军未来将会大量使用轻重不一的无人机，蒸汽弹射器很难适应这个要求。无人机电磁弹射电气系统由储能系统、电力调节系统、弹射器系统和控制分系统以及外部信息接口分系统等组成，无人机电磁弹射电气系统组成如图 1-10 所示。

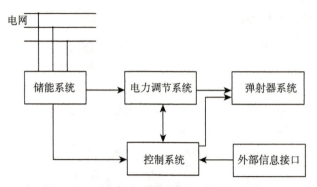

图 1-10　无人机电磁弹射电气系统组成框图

EMALS 将代替目前在航空母舰上用来弹射飞机的蒸汽弹射系统。利用新的电力电子装置技术，能够实现 EMALS 要求的高可控性、高效率、高性能。飞机电磁弹射系统是一个全集成的系统，由储能系统、电力电子系统、直线弹射电动机和控制系统组成。这些分系统组合在一起形成一个高性能的弹射系统，极大地扩展了未来航母的作业能力，不但能使航母搭载更重和航速更快的飞机，而且允许弹射与现有的蒸汽弹射器不匹配的小而轻的飞行器。

3. 其他军事应用

舰艇常被视为探测和打击弹道导弹的武器，多数舰艇配置的雷达可探测到几平方米至数百平方英里的区域目标，然而对于这些大范围的探测，需要能与雷达匹配的平均输出功率在 1MJ 和峰值功率在几兆焦量级的高功率电源，同时需要这些雷达的电源的电功率质量非常高，因此其十分昂贵。设计一种可替代系统，以支持雷达最高平均功率要求，可显著降低电源的成本并减小尺寸。

现代新概念强激光武器，多采用电脉冲功率泵浦。这类强激光器主要有：电泵浦 CO_2 激光器、准分子强激光器、自由电子激光器 (放大型和振荡器型)、软 X 射线激光器。激励强电磁脉冲电磁场有重要用途，一方面可用它作电磁脉冲武器，以便软或硬杀伤目标；另一方面，可用产生的强电磁脉冲进行各种模拟实验，以此加固己方的电子、电力系统，避免电磁干扰破坏。

1.4　高功率脉冲电源种类

1.4.1　电容储能式脉冲电源

电容储能又称电场储能，储能元件主要是脉冲电容器，如图 1-11 所示是一个电容储能脉冲电源的原理图。其图中开关 S_1 闭合时直流电源 E_0 经过电阻 R_1 向储能电容 C 直接充电至电容两端的电压为 U；R_c 为电容器绝缘电阻，当电容器自放电时，时间常数 $\tau_c = R_cC$。当开关 S_2 闭合时，电容 C 将储存的能量在毫秒或微秒时间内向负载 Z_L 释放，在负载上产生高功率脉冲电流。

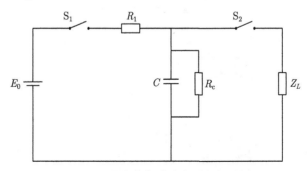

图 1-11　电容储能脉冲电源的原理图

电容器储存的能量 E_1 可表示为

$$E_1 = \frac{1}{2}CU^2 \tag{1-1}$$

由式 (1-1) 可知，电容储存的能量与电容端电压平方及电容值成正比。

对于平行电容器而言，体积 V_1 为：$V_1 = Sd$，其中 S 为电容平板面积，d 为平行板之间的距离。忽略其余的体积，电容的体积功率密度 κ_V 为

$$\kappa_V = \frac{E_1}{V_1} = \frac{\frac{1}{2}\frac{\varepsilon S}{d}(Ed)^2}{Sd} = \frac{1}{2}\varepsilon E^2 = \frac{1}{2}\varepsilon_0\varepsilon_r E^2 \tag{1-2}$$

式中，E 为电场强度；ε 为介电常数，$\varepsilon = \varepsilon_0\varepsilon_r$；$\varepsilon_0$ 为真空介电常数，约等于 $8.85 \times 10^{-12}\text{F/m}$；$\varepsilon_r$ 为相对介电常数。

根据图 1-11 放电回路可得到毫秒或微秒级的脉冲电流，放电脉冲的周期为

$$T = 2\pi\sqrt{LC} \tag{1-3}$$

其中，L 为放电回路的总电感。若要求产生纳秒级的脉冲电流，需要进一步地减小回路总电感的值，但是实际过程中是难以实现的。因此纳秒级脉冲电源可采用新的电路拓扑结构，例如，可以将电容用 Marx 发生器充电，然后对传输线充电，传输线对负载放电时可以得到纳秒级强脉冲电流。图 1-12 为电容器单体，图 1-13 为 32MJ (a) 和 100MJ (b) 两种不同容量的储能电容器组。

高储能密度脉冲电容器现广泛应用于脉冲电源、医疗器械、电磁武器、粒子加速器及环保等领域。电容器储能密度每一次大的提高均伴随着新材料或者工艺的应用，浸渍剂从纸介电容器的矿物油至金属化膜电容器的菜籽油，电极从铝箔至金属化蒸镀层再至分割式金属化电极，介质从纸至纸膜至全膜再至复合膜。新型的介

质膜将作为开发下一代储能电容器的重点。表1-4列举了一些常用的脉冲电容器产品参数。

图1-12 电容器单体

(a) 32MJ 电容器组

(b) 100MJ 电容器组

图1-13 储能电容器组

表1-4 常用的脉冲电容器产品参数

型号	额定电压/kV	标称电容/μF	适用范围	质量/kg	外形尺寸 (长 × 宽 × 高)/ (mm×mm×mm)
MW1-500	1	500	分压低压臂	29	380×110×855
MW3-200	3	200	分压低压臂	23	372×143×480
MW4-50	4	50	冲击电流	22	302×122×405
MWF50-3	50	3	连续脉冲	146	400×328×930
MWF30-18	30	18	振荡回路	220	310×310×1540
MWF40-0.03	40	0.03	整流滤波	8	Φ185 × 210
MWF220-0.25	—	—	冲击电压	320	Φ630 × 850

1.4 高功率脉冲电源种类

Marx 发生器是一种利用电容并联充电再串联放电的高压脉冲装置,该结构由 E. Marx 于 1924 年提出,它能模仿雷电及操作过电压等过程,因此常用于绝缘冲击耐压及介质冲击击穿、放电等实验,图 1-14 为 Marx 发生器装置。

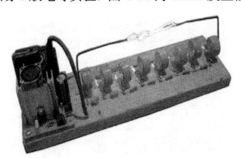

图 1-14 Marx 发生器装置

Marx 发生器装置的原理比较简单,其工作原理是电容并联充电,然后通过开关放电把各级的电容串联起来,电压为每个电容的端电压之和,同时对负载进行放电产生纳秒级的高脉冲电流。图 1-15 为传统的 Marx 发生器原理图,图中 r_0 为充电匹配电阻;S 为充电火花开关;G_1、G_2、$\cdots$、G_n、G_L 为放电火花开关;R_0 为充电电阻;C_0 为各级电容;R_L 为负载。

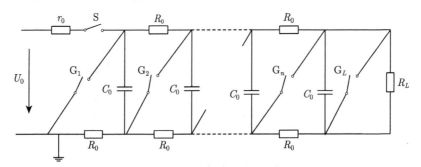

图 1-15 传统的 Marx 发生器原理图

1.4.2 电感储能式脉冲电源

电感储能式脉冲电源其实质是一种磁场储能的脉冲电源,即将能量储存在线圈的磁场当中,在放电时将能量释放给负载产生强脉冲电流。电感储能系统的优点为储能密度高、体积小、成本低;可产生极高的脉冲功率(微秒或亚微秒量级)。缺点为断路开关技术困难大,没有短路开关简便;向负载传递能量的效率较低。图 1-16 为电感器照片。

电感储能原理如图 1-17 所示,当开关 S_1 闭合,S_2 断开时,电源给电感 L

充电，将电源的电能以磁场的形式存储在电感线圈中；当开关 S_1 断开，S_2 闭合时，回路电压为电感的电压与电源的电压之和，同时向负载 Z_L 放电以产生强脉冲电流。

图 1-16 电感器

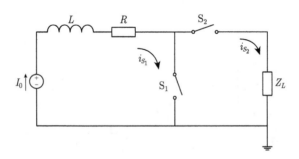

图 1-17 电感储能原理图

在充电与放电的变换过程中，由电路理论可知，储能电感的总磁通保持不变。电感的充电时间常数 τ 为 L/R，τ 的数量级一般为秒，放电过程的时间与负载 Z_L 的参数相关。

电感储能 E_2 可表示为

$$E_2 = \frac{1}{2}Li^2 \tag{1-4}$$

线圈的体积为：$V_L = Sl$，其中 S 为线圈的截面积，l 为线圈的长度。由此得到电感储能密度 κ_L 为

1.4 高功率脉冲电源种类

$$\kappa_L = \frac{E_2}{V_L} = \frac{0.5Li^2}{Sl} = \frac{\frac{B^2 Sl}{2\mu}}{Sl} = \frac{B^2}{2\mu_0 \mu_r} \tag{1-5}$$

其中，B 为磁通密度；μ 为磁导率；μ_0 为真空磁导率；μ_r 为相对磁导率。由公式 (1-5) 可知，电感的储能密度与磁导率成反比，与磁通密度的平方成正比。

1.4.3 化学能脉冲电源

化学能脉冲电源具有极高的储能密度，因此被广泛地应用于脉冲功率领域中。

化学电源，按照电解质种类的不同，可分为碱性电池、酸性电池、中性电池和有机电解质电池。按照化学电源的储存方式和工作性质可分为：①原电池（一次电池），如锌–锰干电池、锌–汞干电池、锌–银干电池与锂电池等；②蓄电池（二次电池），常见的有铅酸蓄电池、镉镍蓄电池、锌–空气蓄电池和锂–硫化铁电池等；③储备电池，如镁–银电池、铅–高氯酸电池以及热电池等；④燃料电池，常用的有氢–氧燃料电池、肼–空气燃料电池。

1. 蓄电池

蓄电池也称二次电池，它是一种将化学能转化为电能的装置。在使用之前将电能转化为化学能储存起来，工作时将化学能转化为电能，并且可以多次充电使用。按照电解液种类可划分为酸性蓄电池和碱性蓄电池，蓄电池通常指的是铅酸蓄电池。碱性电池电解质主要是氢氧化钾，如镉镍电池、镍氢电池等，酸性电池电解质为硫酸水溶液，如铅酸蓄电池等。表 1-5 为常用的蓄电池。

表 1-5 常用的蓄电池

电池种类	能量密度/(W·h/kg)	功率密度/(W/kg)	工作寿命/次
镍–铁	20～45	65～90	2000～5000
镍–镉	25～45	200～500	1000～2000
银–锌	50～150	200～400	100～2000
镍–锌	60～70	100～200	200～300
铅酸	20～35	20～175	300～2000
锂电池	100～265	250～340	400～1200

蓄电池应用在脉冲功率装置中，可以得到秒级与毫秒级的放电强脉冲电流。其放电回路如图 1-18(a) 所示，在开关 S_1 与 S_2 闭合之后，产生的负载电流 $i(t)$ 为

$$i(t) = \frac{U}{R_i + R_c}(1 - e^{-t/\tau}) \tag{1-6}$$

其中，时间常数 $\tau = L/R$，R_i 与 R_c 分别为蓄电池的内阻与外电池电阻。电路中电流在 1s 的时间内可达到 10kA。铅酸蓄电池工作电压高且稳定，具有较宽的温度与

电流变化范围，且易于制造，成本低，因此在可充电重复使用电化学储能装置中应用仍然十分广泛。图 1-18(b) 为铅酸蓄电池组供电部分。

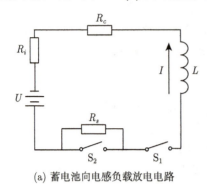 

(a) 蓄电池向电感负载放电电路　　　　(b) 铅酸蓄电池组供电部分

图 1-18　蓄电池放电回路与铅酸蓄电池组

2. 磁通压缩发生器

磁通压缩发生器 (MFCG) 的原理是利用炸药爆炸驱动导体电枢快速压缩定子绕组围成空腔内的磁通量，使之在小体积内聚积形成超强磁场，从而使得与定子、电枢连接的负载中的电流 (及电磁能量) 得到放大。磁通压缩发生器的原理最初于 20 世纪 50 年代由苏联萨哈罗夫院士提出，后来在 V. F. Chernyshev 和 C. M. Fowler 等科学家的带领下，俄罗斯、美国两国核武器实验室经过几十年努力，使磁通压缩发生器及其相关技术得到了长足发展，并被广泛地应用于电磁发射、聚爆等离子体、强脉冲电磁辐射以及产生强磁场等方面。图 1-19 为磁通压缩发生器。

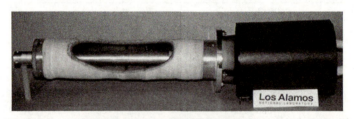

图 1-19　磁通压缩发生器

1942 年，阿尔文发表了在完全导电的流体内磁力线将被 "冻结" 在流体中的磁流体力学基本理论 —— 磁场冻结效应。冻结效应也适用于导电性良好的固体导体，通过运动的理想导电流体中的任何一个闭合面磁通量守恒，其原理如图 1-20 所示。

横截面积为 A 的导体内的初始磁通 $\Phi_0 = B_0 A$，此时储能体积为 V_0 的

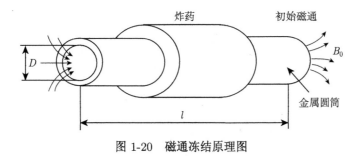

图 1-20 磁通冻结原理图

筒内的磁能 E_0 为

$$E_0 = V_0 \frac{B_0^2}{2\mu_0} = \frac{\pi D^2 l}{4} \cdot \frac{B_0^2}{2\mu_0} \tag{1-7}$$

其中,D 是爆炸前的筒的直径。当炸药爆炸时,将筒压缩为直径 d,此时由磁通守恒定律可知

$$\Phi_0 = \int_S B \mathrm{d}A = \mathrm{const} \tag{1-8}$$

由于磁通保持不变,则磁感应强度为

$$B = B_0 \left(\frac{D}{d}\right)^2 \tag{1-9}$$

此时储存在被压缩体积 V 之内的磁能 E 为

$$E = V \frac{B^2}{2\mu_0} = \frac{\pi d^2 l}{4} \cdot \frac{B_0^2}{2\mu_0} \left(\frac{D}{d}\right)^4 = E_0 \left(\frac{D}{d}\right)^2 \tag{1-10}$$

可见,外力压缩磁通所做的功转化为磁场能量,磁能与直径的平方成反比。而压缩前后磁通守恒:$\Phi_0 = L_0 I_0 = LI$,L_0、I_0 分别表示初始时的电感与电流,L、I 分别表示压缩后的电感与电流。

MFCG 等效的基本电路原理图如图 1-21 所示,其中发生器由三部分组成:初始磁通电源、发生器本体与负载。储能电容产生初始电流 I_0,在回路中建立初始磁通 Φ_0。图中 L_g 为可变线性电感,L_0 是由引线引起的分布电感,L_L 是负载电感,R 是发生器电阻。当 I_0 达到最大值时,使开关 S 闭合 (相当于炸药驱动回路导体或电枢,以闭合回路),随着炸药爆炸压力的增大迫使 $L_g(t)$ 由 L_0 开始变小,电流逐渐增大,使负载获得的能量增大。MFCG 的内阻抗低,它的负载多为低阻抗线圈,高阻抗使用时需采用脉冲变压器变压。

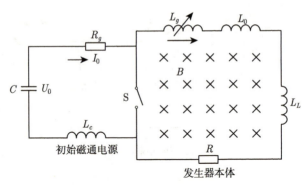

图 1-21 MFCG 等效的基本电路原理图

1.4.4 惯性储能式脉冲电源

惯性储能技术，其实就是借助驱动飞轮储存起来的机械能进行脉冲放电的功率技术。一般用较小功率的拖动机构，以相对较长时间慢慢加速一定质量的转子或飞轮使其转动起来，从而使其储存足够的动能，然后以此动能驱动合适的发电设备，利用其转动惯性将机械能转化成强电磁能脉冲能量，常用的有脉冲发电机组和单极发电机。惯性储能式脉冲电源的优势主要是储能密度高、结构紧凑、成本低、可移动性强，主要应用于电磁发射器的电源、同步加速器、烧结金属粉末、电磁喷涂、模拟地震脉冲以及脉冲金属成形等方面。表 1-6 为脉冲功率用典型的旋转发电机的分类与性能。

表 1-6 脉冲功率用典型的旋转发电机的分类与性能

类型	能量密度 /(kJ/kg)	功率密度 /(kW/kg)	典型脉宽 /s	典型电压 /V	短路电流 /kA	储能时间 /s	比能密度 /(MJ/m³)
直流脉冲发电机	0.32	0.3	1	1800	1	100	20
单极发电机	8.5	70	0.1~0.5	100	2000	415	150
同步发电机	1.3	0.7	71	6900	6	3000	30
补偿脉冲发电机	3.8	250	$10^{-4} \sim 10^{-3}$	6000	71	254	100

1. 直流脉冲发电机

直流脉冲发电机不像单极发电机只有单匝转子，它可采用导线绕制成多匝转子，易获得千伏级的高电压。直流发电机由激磁磁场、转子电枢与端部换向器组成，从电刷引出直流电压。为获得高能量的脉冲，应当使用飞轮惯性储能。发电机转子和更大质量的飞轮常采用异步机拖动，使得它们逐渐储存大量的动能。当达到额定转速之后，再向发电机提供激磁磁场，电机产生空载电压。在发电机到达稳定状态之后，同时接通外电路，可以向负载放电产生高功率强脉冲电流。发电机转速降低,储存在转子与飞轮中的机械能转化为脉冲形式的电磁能。图 1-22 为直流脉冲发电机原理图。

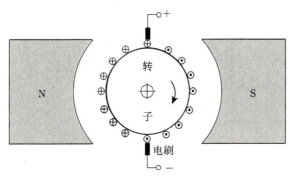

图 1-22 直流脉冲发电机原理图

发电机在空载启动与加速飞轮过程中必须切断励磁绕组,发电机可以单台电机运行,也可以多台电机并联运行组成发电机组。磁场是电机实现机电能量转换的介质。直流电机有两种励磁方式:一是永久磁铁磁场,在一些特殊的微电机中采用;二是电磁铁磁场,是由套在主极铁芯上的励磁绕组通入电流产生的,称为励磁磁场。按照励磁方式的不同可以将直流电机分为四类。

(1) 他励直流电机。他励直流电机是励磁绕组由其他直流电源单独提供,如图 1-23(a) 所示,U 为电枢电压,U_f 为励磁电压,I_a 为电枢电流,I_f 与 I'_f 为励磁电流,I 为主电源电流,电机电流方向如图中所示。

(2) 并励直流电机。如图 1-23(b) 所示,励磁绕组和电枢绕组并联,电枢电压即为励磁电压。并励发电机要自励与产生电压,电机的磁路中必须要有剩磁,当励磁电流产生的磁动势与剩磁的方向相同时形成正反馈,当两者的方向相反时形成负反馈。负反馈时,剩磁磁场被抑制,电压不可能被建立;正反馈时,气隙磁场加强,使电枢感应电动势升高,从而励磁电流与气隙磁场进一步地加强。

(3) 串励直流电机。励磁绕组与电枢绕组串联,电枢电流就是励磁电流,如图 1-23(c) 所示。

(4) 复励直流电机。励磁绕组分为两部分,一部分与电枢绕组串联,另一部分与电枢绕组并联,如图 1-23(d) 所示,复励发电机中,若串励磁动势与并励磁动势方向相同,称为积复励;若两者的方向相反,称为差复励。常用的复励发电机都是积复励,积复励又分为平复励、欠复励、过复励。

对于直流发电机而言,电枢导体有效长度为 l,导体切割气隙磁场的线速度为 v,则每根导体的感应电动势 e_c 为

$$e_c = b_\delta l v \tag{1-11}$$

其中，b_δ 为导体所在位置的气隙磁通密度。

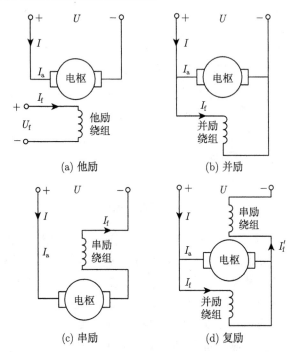

图 1-23 直流发电机四种励磁方式接线图

若电枢导体的总数为 Z_a，每一支路串联数为 $Z_a/2a_=$，则支路的电动势 E_a 为

$$E_a = \sum_1^{Z_a/2a_=} b_\delta lv = lv \sum_1^{Z_a/2a_=} b_\delta(x_i) \tag{1-12}$$

再考虑转子线速度为 $v = 2p\tau \dfrac{n}{60}$，其中 τ 为极距，$2p\tau$ 为电枢周长，由此可得

$$E_a = 2\dfrac{pn}{60}\dfrac{Z_a}{2a_=}(B_{av}l\tau) = \dfrac{pZ_a}{60a_=}\Phi n \tag{1-13}$$

同理可得直流电机的电磁转矩为

$$T_e = Z_a B_{av} l \left(\dfrac{I_a}{2a_=}\right)\dfrac{p\tau}{\pi} = \dfrac{pZ_a}{2\pi a_=}\Phi I_a \tag{1-14}$$

2. 单极发电机

单极发电机工作原理简单，导电圆盘（转子）本身就可以当惯性储能飞轮用，它在外加的轴向磁场中旋转，由于圆盘切割磁力线，所以在圆盘外缘与轴之间产生了感应电动势，并利用电刷引到外电路负载，原理图如图 1-24 所示。

1.4 高功率脉冲电源种类

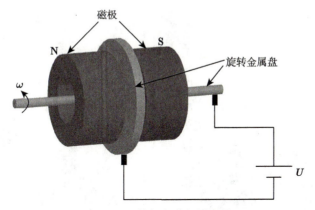

图 1-24　单极发电机原理图

感应电动势为

$$V = \frac{1}{2} B r^2 \omega \tag{1-15}$$

式中，B 为磁感应强度；r 为转子圆盘半径；ω 为电机旋转角速度。

通常储能指的是转子的惯性储能，由于单极发电机的转子既是储能体又是感应电动势的单匝线圈，所以一般输出电压较低，但是它的内阻较低 ($<10\mu\Omega$)，这就弥补了低电压的缺点。

单机发电机特别适合作某些领域的高功率脉冲电源用，尤其在所需储能达几十到几百兆焦耳时，单极发电机所采用的激磁线圈比较简单，且转子无绕组，所以转子能很快被加速到高转速，并且可以在毫秒的时间内把惯性储能转化为电能。但单极发电机的固有等效电容很大，可达数千法拉，因此使用电感负载将不方便。

用恒流激磁场，其等效电容为

$$C_e = \frac{2W_k}{V^2} \tag{1-16}$$

其中，W_k 为转子动能。表示为转动惯量 J 与磁通 Φ 的形式：

$$C_e = \frac{4\pi^2 J}{\Phi^2} \tag{1-17}$$

减小单极发电机电容影响的方法：①采用它自己的磁场线圈进行自激式供电，此时磁场线圈既起激磁作用，又起电感器储能的作用；②将若干个单极发电机串联使用，尤其是在相邻转子共同作用一个激磁线圈时更有利，不仅使得等效电容减小，而且提高了输出电压。补偿脉冲发电机和单极发电机比较适合电阻与电容负载，不太适合激励电感负载。图 1-25 为两组多相单极发电机系统。

(a) 40MW 多相单极发电机　　　　(b) 西屋公司 12MJ 单极发电机系统

图 1-25　两组多相单极发电机系统

3. 同步发电机

交流发电机分为同步发电机和异步发电机。同步发电机是指稳态运行时转子的转速 n 与电网频率 f 之间有 $n=n_s=60f/p(\mathrm{r/min})$ 固定关系的交流发电机，其中 n_s 被称为同步转速。若电网的频率不变，则稳态运行时同步电机的转速为常值，与负载大小无关。

按电机结构形式，同步发电机可分为转枢式与转场式，而转场式电机按主极形状又可分为凸极式电机与隐极式电机。图 1-26 为一台同步发电机。

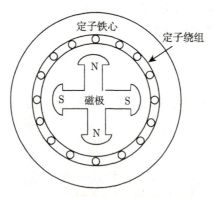

图 1-26　同步发电机结构示意图

4. 脉冲发电机

脉冲发电机 (pulsed alternator, PA) 是一种在交流发电机的基础上改进而得到的可产生较大脉冲功率的电机。脉冲发电机基于电磁感应定律和磁通压缩原理工作，集能量存储、机电能量转换和脉冲成形于一体，较之传统的脉冲电源系统，它具有能量密度和功率密度高、稳定性和可靠性高等优点；并且连续脉冲运行时，其较大的转动惯量不至于使转速下降过多，因此机组不需要用飞轮平衡，常用作脉冲功率系统的电源。脉冲发电机组的工作原理图如图 1-27 所示。

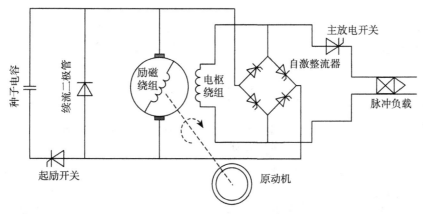

图 1-27　脉冲发电机组的工作原理图

补偿脉冲发电机 (CPA) 是 1978 年得克萨斯大学机电中心 (UT-CEM) 学者 W. F. Weldon 等在交流发电机的基础上发明的加补偿结构改进的电机并获得了相关专利，同年研制出第一台样机并验证了补偿结构能显著减小电感、提高脉冲输出功率的设计思想，图 1-28 为一个脉冲发电机组。

图 1-28　J-TEXT 托卡马克 100MW 脉冲发电机组

CPA 的补偿方式可分为主动补偿、被动补偿以及选择被动补偿。三种不同的补偿方式可以满足不同负载对于电流波形的要求。按照励磁方式可分为永磁励磁、电励磁与混合励磁，相较于上述几种惯性储能脉冲单元，CPA 具有如下的综合优势：

(1) 直接与初始功率源耦合，集惯性储能、机电能量转化与脉冲成形于一体，电机系统结构简单，具有高功率密度与高能量密度的特点；

(2) 脉冲成形易与负载匹配，CPA 脉宽从微秒等级到毫秒等级，脉宽易于调节；

(3) CPA 可提供连续的脉冲，适合于有连续发射需求的武器发射系统；

(4) 电流脉冲自然过零，具有"自开关"特性，不需要复杂的开关技术。

1.5 脉冲功率技术的未来发展情况

脉冲功率技术经过半个多世纪的发展，已经从高新技术、国防科研领域逐渐向工业、民用领域延伸。作为当代高新技术领域的重要组成部分，它的发展和应用与其他学科的发展有着密切的关系。分析当前脉冲功率技术的发展趋势，可以概括为以下几个方面：

(1) 由单次脉冲向重复的高平均功率脉冲发展。过去脉冲功率技术主要为国防科研服务，并且大多是单次运行，而工业、民用以及现代军事领域对脉冲功率技术要求一定的平均功率，必须重复频率工作。

(2) 储能技术——研制高储能密度的电源。在很多应用场合下，脉冲功率系统的体积和质量的大小是决定性因素，如车载电磁炮、空基电磁武器等，都要求产生很大的脉冲功率，而且系统又不能过于庞大和笨重。因此高储能密度的脉冲功率发生器的研制是当前主要的研究课题之一。

(3) 开关技术——探讨新的大功率开关和研制高重复频率开关。开关元件的参数直接影响整个脉冲功率系统的性能，是脉冲功率技术中一个重要的关键技术。目前大功率开关技术主要包括以下几个方面：短脉冲技术、同步技术、高重复频率技术、长寿命技术。而难点在于大功率、长寿命和高重复频率的开关技术。因此，具有耐高电压强电流、击穿时延短且分散性小、电感和电阻小、电极烧毁少以及能在重复的脉冲下稳定工作等特点的各种类型开关元件的研制，是当前国内外脉冲功率技术中又一个十分受重视的研究课题。

(4) 积极开辟新的应用领域。如前所述，脉冲功率技术在核物理、加速器、激光、电磁发射等领域已得到日益广泛的应用。近年来，脉冲功率技术在半导体、集成电路、化工、环境工程、医疗等领域的应用研究，已引起各界的广泛重视，而且在某些应用研究中已取得了可喜的进展。凭借成功应用的经验，脉冲功率技术将更多地应用于民用技术方面，民用领域是一个巨大的市场，而市场的推动又必将给脉冲功率技术的发展带来新的生机。

参 考 文 献

[1] 苏子舟, 张博, 国伟, 等. 无人机电磁弹射系统研究. 电气技术, 2010, (S1): 57-60.
[2] Kitzmiller J R, Pappas J A, Pratap S B, et al. Single and multiphase compulsator system architectures: a practical comparison. IEEE Transactions on Magnetics, 2001, 37(1): 367-370.
[3] 郑建毅, 何闻. 脉冲功率技术的研究现状和发展趋势综述. 机电工程, 2008, 25(4): 1-3.
[4] 李冬黎, 何湘宁. 脉冲电源污水处理技术. 高压新技术应用, 2001, 27(6): 22-33.
[5] 安淑萍, 雷琦, 石勇. 脉冲功率技术在低渗油田挖潜增效中的应用. 内蒙古石油化工, 2009, 16: 3-5.
[6] 李国锋. 脉冲电晕非热等离子体烟气脱硫反应器的研究. 大连理工大学博士学位论文, 2000.
[7] Akiyama M, Minami K, Watanabe M. De-NO_x by bidirectional pulse corona discharge. IEEE Conference Record-Abstracts. The 27th IEEE International Conference on Plasma Science, 2000.
[8] 李军, 刘秀成, 王赞基. 新型电感储能型电磁炮脉冲电源拓扑. 电网技术, 2009, 33(13): 80-85.
[9] Beach F C, McNab I R. Present and future naval applications for pulsed power. 15th IEEE Pulsed Power Conference, Monterey, CA, USA, 2005: 1-7.
[10] 王新新, 张卓, 肖如泉. 重复频率 MARX 发生器的充电回路. 高电压技术, 1997, 23(1): 37-39.
[11] 王莹. 电感储能强脉冲电源及其断路开关. 电工电能新技术, 1986, (2): 21-29.
[12] 吕庆敖, 高敏, 赵科义. 爆炸式螺旋绕组磁通压缩发生机的理论和技术 (续). 高电压技术, 2005, 31(6): 42, 43.
[13] 阿吉伯斯. 磁通量压缩发生器. 孙承纬, 译. 北京: 国防工业出版社, 2008.
[14] 韩旻, 邹晓兵, 张贵新. 脉冲功率技术基础. 北京: 清华大学出版社, 2010.
[15] 王莹. 脉冲功率科学与技术. 北京: 北京航空航天大学出版社, 2010.
[16] Wang Y, Marshall R A, Cheng S K. Physics of Electric Launch. 北京: 科学出版社, 2004.
[17] 张国平, 于克训. 空芯补偿脉冲发电机的研究与设计. 华中科技大学硕士学位论文, 2008.
[18] Gupta A K D. Design of self-compensated high-current comparatively higher voltage homopolar generators. IEEE Transactions on Power Apparatus and Systems, 1961, 80(3): 567-573.
[19] 朱红桥. 国内首台 25 兆瓦直流脉冲发电机组特性及故障维修. 船电技术, 1999, (1): 48-50.
[20] 邱国义, 刘福国, 许成金. 大功率直流脉冲发电机的过负荷保护装置. 电力系统保护与控制, 1984, (4): 4-21.

第 2 章 脉冲发电机基本理论

惯性储能是利用运动的物体来储存能量的一种储能技术。惯性储能常采用的是单极发电机或脉冲发电机，单极发电机输出电压较低，在本书中未做介绍，本书以脉冲发电机的相关内容为主线进行阐述。脉冲发电机一般以转子为储能体，转速通常在数千转每分钟至上万转每分钟的条件下运行，可以储存较大的能量。惯性储能技术的优点是储能密度高、结构紧凑、体积小、成本低、可移动性强，在工业、军事以及航空航天领域有着广泛的应用前景[1-24]。

2.1 脉冲发电机的原理

单极发电机的主要缺点是电压过低，而同步发电机虽能产生较高电压，但需要增大激磁磁场或提高转速或增加电枢绕组匝数。前两个因素受所用材料的物理性能限制，而增加匝数将使绕组线圈电感平方倍增加，这将导致同步发电机电压上升时间过长。

1978 年，美国得克萨斯大学机电中心 (UT-CEM)W. F. Weldon 等在交流发电机的基础上发明了补偿式交流脉冲发电机，简称补偿脉冲发电机，该电机克服了上述的诸多缺点。他们把一个几乎和旋转线圈相同的固定线圈与旋转线圈串联，并使两线圈同轴。当旋转线圈旋转到与两线圈面重合时，就补偿了旋转线圈的电感，从而产生强电脉冲。脉冲峰值过后，随着线圈的转动，电感再次增大到初始值。CPA 利用了电磁感应和磁通压缩两种原理联合工作，它把惯性储能、机电能量转换和脉冲成形三者融为一体。CPA 能输出几十千伏的高电压，产生较快的上升时间，而且不需要大电流容量的换流开关便能自动换向和产生重复脉冲。此外，它的转子细长，容易实现高速旋转。在连续脉冲运行时，因它有较大的转动惯量而不致使转速下降得过多而影响下次脉冲工作。因此，机组多半不需用飞轮来平衡，转轴只起支承作用而不承受较大的冲击扭矩。CPA 还有结构简单、体积小、质量轻、操作方便和运行可靠等优点。

2.1.1 常规发电机的基本原理

脉冲发电机的结构同传统电机类似，包含定子和转子，其电压的产生也同常规发电机一样，依据电磁感应原理。首先，介绍一下常规发电机的基本原理。

发电机是一种将机械能转化为电能的装置，基于法拉第在 1831 年发现的电磁

2.1 脉冲发电机的原理

感应原理——穿过线圈的磁通发生变化,线圈中会感应出反电势。图 2-1 为一简单发电机原理图,由于永磁体的旋转,穿过线圈的磁通发生变化,线圈感应出电流。最早的发电机是法拉第发明的,被称为法拉第磁盘,由一个铜盘和一对永磁体组成,其中铜盘在相向永磁体中间旋转,产生直流电压。1834 年,亚哥比制成了第一台旋转电机,英国在 1856 年有了电机的记载,但于 1873 年才第一次实际使用在威斯敏斯特。1881 年,第一次出现了电灯,是用水轮机拖动电机发出的电。之后,电力很快为全世界广泛应用,各种各样的发电机也被发明制造出来。

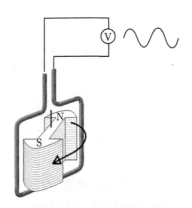

图 2-1 常规发电机原理图

根据输出的电压电流形式,发电机可以分为直流发电机和交流发电机。根据电机转速与同步转速的大小关系,交流发电机又可以分为感应发电机和同步发电机。同步发电机被电动机和其他机械驱动,包括内燃机、水轮机、汽轮机等,稳态运行时,其转子转速与同步转速相同。它在电网、汽车、轮船及其他电气设备中有广泛的应用。

按照结构形式,同步发电机可以分为旋转电枢式和旋转磁极式。前者电枢装设在转子上,主磁极在定子上,在小型同步发电机中应用较多,而高压大型同步发电机,常采用旋转磁极式。由于励磁部分的容量和电压比电枢小很多,把主磁极装设在转子上,电枢和集电环的负载可大为减轻,运行更可靠稳定。

在旋转磁极结构中,按照主极的形状,又可分为隐极式和凸极式。隐极式转子为圆柱形,气隙均匀;凸极式转子有明显凸出的磁极,气隙不均匀。对于高速同步发电机,从转子机械强度和固定励磁绕组考虑,采用隐极结构。

2.1.2 脉冲发电机的基本结构

脉冲发电机与常规电机的区别主要在于特殊的补偿元件的应用,因此脉冲发电机的前期研究主要指补偿脉冲发电机。图 2-2 为铁芯式补偿脉冲发电机结构示意图。铁芯机是指电机内部定转子轭材料由导磁的铁磁材料制成的一类电机,由于铁磁材料磁导率高,因此电机所需的励磁磁场小,无须采用对控制要求更高的自激励磁,缺点是由于铁磁材料的比重较大,电机的能量密度和功率密度较低。

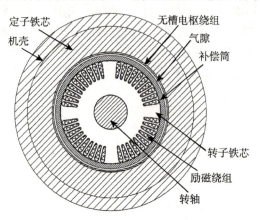

图 2-2 铁芯式补偿脉冲发电机结构示意图

脉冲电源要有很高的能量密度和功率密度以满足负载的需求,为此脉冲发电机定转子轭材料由不导磁的材料(如纤维树脂类复合材料或者非导磁的合金等)代替传统电机的铁磁性材料,制成的电机称为空芯式补偿脉冲发电机,结构示意图如图 2-3 所示。一方面复合材料密度小强度大,电机可以运行在更高转速下,线速度达到 500m/s,远超过铁磁材料 125m/s 的极限速度,储能密度显著提高;另一方面复合材料不导磁,电机不受磁路饱和限制,气隙磁密可以设计得极高,达到 4~5T,从而获得更高的功率密度。在铁芯机和空芯机中,电枢绕组均采用无槽绕组形式,可以降低绕组的电感。

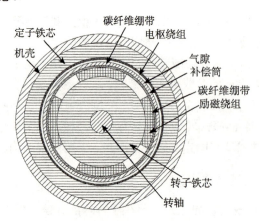

图 2-3 空芯式补偿脉冲发电机结构示意图

2.1.3 脉冲发电机的工作原理

传统发电机的内阻抗大,向电磁炮、电热炮等低阻抗负载放电时,难以获得负载所需的窄脉宽和高幅值的脉冲。美国得克萨斯大学机电中心 W. F. Weldon 等于 1978 年发明了补偿式脉冲发电机,其利用磁通压缩原理来获得内阻抗最小化、输出电流和瞬时输出功率最大化。在负载运行时补偿元件内产生补偿电流,该电流产生的磁场与电枢反应磁场相互作用,使脉冲发电机电枢绕组的瞬时内电感降低,同时压缩磁场,获得更高的端电压,从而产生峰值极高的用于驱动负载的强电流脉冲。其分析的基本方法可参考超导回路磁链守恒定律、简化电路模型和场分析的方法。

1. 磁链守恒定律分析脉冲发电机原理

由电路定律可知,对于任何一个链着磁通的自行闭合线圈,都可以给如下方程式:

$$ri + \frac{\mathrm{d}\Psi}{\mathrm{d}t} = 0 \tag{2-1}$$

式中,Ψ 为闭合线圈的磁链,包括自链和互链;r 为电阻;i 为电流。

如果略去电阻 r,则由上式可得出 Ψ 为常数。可见,在没有电阻的闭合回路中(又称为超导回路)磁链将保持不变。如果外界磁通进入线圈,则线圈中必然立即产生一个电流,这一电流产生的磁通与外加磁通的大小相同,方向相反,以此保持线圈匝链的总磁通仍然不变。这就是超导闭合回路磁链守恒定律。在实际的闭合回路中,由于电阻的影响,磁链会发生变化,但是在最初瞬间仍然遵循超导回路磁链不变原则。因此可以认为磁链是不会改变的,分析突然短路的基本方法是先由磁链不变原则求出突然短路瞬间的电流,然后把电阻的作用考虑进去。在绕组电阻的作用下,瞬变时出现的电流最终将衰减为稳态短路电流。

普通同步发电机突然短路瞬间的状态参见图 2-4,其等效电路如图 2-5 所示。X_d'' 为超瞬变电抗,X_d' 为瞬变电抗,X_d 为直轴电抗,显然可见,$X_d'' < X_d' < X_d$。而补偿脉冲发电机的补偿筒就相当于极强的阻尼绕组,补偿电机在短路的时候,正是依靠它产生的涡流将电枢反应磁通压缩在补偿筒和电枢绕组间的气隙中,从而达到降低电枢绕组电感的目的。

2. 简化电路模型分析脉冲发电机原理

CPA 从电路上看一般均可以简化成三个相互耦合的回路:励磁回路、电枢回路和补偿回路,其中励磁回路和补偿回路总是在电机的一侧,简化电路模型如图 2-6 所示。

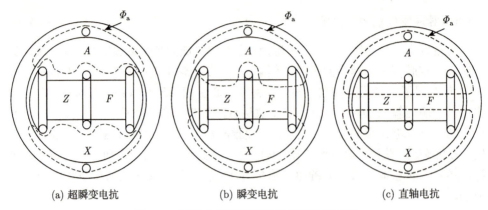

(a) 超瞬变电抗　　　　　(b) 瞬变电抗　　　　　(c) 直轴电抗

图 2-4　同步电机突然短路部分磁场示意图

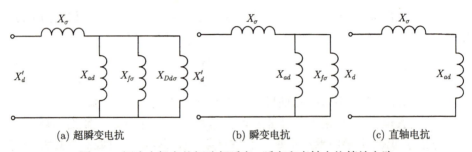

(a) 超瞬变电抗　　　　　(b) 瞬变电抗　　　　　(c) 直轴电抗

图 2-5　同步电机突然短路超瞬变、瞬变和直轴电抗等效电路

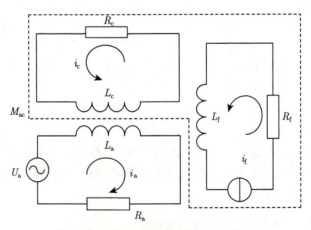

图 2-6　补偿脉冲发电机简化电路模型

当采用外部恒流源励磁时,放电瞬间励磁电流 i_f 不变,因此可以忽略励磁回路对电枢回路和补偿回路的影响;同时,CPA 的内阻抗一般远小于感抗,分析时可

2.1 脉冲发电机的原理

忽略不计，由此可得电枢回路与补偿回路中的电压方程为

$$\begin{cases} U_\mathrm{a} = L_\mathrm{a}\dfrac{\mathrm{d}i_\mathrm{a}}{\mathrm{d}t} + M_\mathrm{ac}\dfrac{\mathrm{d}i_\mathrm{c}}{\mathrm{d}t} \\ 0 = M_\mathrm{ac}\dfrac{\mathrm{d}i_\mathrm{a}}{\mathrm{d}t} + L_\mathrm{c}\dfrac{\mathrm{d}i_\mathrm{c}}{\mathrm{d}t} \end{cases} \quad (2\text{-}2)$$

式中，U_a 为 CPA 的输出电压；i_a 为电枢电流；i_c 为补偿电流；L_a 为电枢绕组的自感；L_c 为补偿绕组的自感；M_ac 为电枢绕组与补偿绕组的互感。

将式 (2-2) 整理成如下形式：

$$U_\mathrm{a} = \left(L_\mathrm{a} - \dfrac{M_\mathrm{ac}^2}{L_\mathrm{c}}\right)\dfrac{\mathrm{d}i_\mathrm{a}}{\mathrm{d}t} = (1 - k_\mathrm{ac}^2)L_\mathrm{a}\dfrac{\mathrm{d}i_\mathrm{a}}{\mathrm{d}t} = L_\mathrm{aef}\dfrac{\mathrm{d}i_\mathrm{a}}{\mathrm{d}t} \quad (2\text{-}3)$$

式中，L_aef 为电枢绕组的等效电感；k_ac 为耦合系数，

$$k_\mathrm{ac} = \dfrac{M_\mathrm{ac}}{\sqrt{L_\mathrm{a}L_\mathrm{c}}} \quad (2\text{-}4)$$

耦合系数 $0 < k_\mathrm{ac} < 1$，用于描述 CPA 的补偿程度。

经过补偿后，电枢绕组的等效电感变为补偿前的 $1 - k_\mathrm{ac}^2$ 倍，因此在相同的输出电压下，可以获得更大的输出电流，且补偿绕组与电枢绕组之间的耦合作用越强，等效电感越小，输出脉冲电流峰值越大。

3. 场的角度分析脉冲发电机原理

从场的角度分析脉冲发电机的工作原理，可更深入地分析脉冲发电机的电磁场本质。脉冲发电机内的电磁场是随时间瞬时变化的，属于时变电磁场，但是其变化频率低，内部的位移电流密度远小于传导电流密度，因此可以忽略其位移电流密度，即忽略其内部电磁场的波动性。脉冲发电机内部磁场可以看成准静态场，其分布同静态场类似，仅考虑电磁感应。

脉冲发电机的工作过程遵循总磁通守恒的原理。空载工作时，补偿筒内的磁场不变，补偿筒内部无感应涡流，此时补偿筒的加入可看成是增大了电机的等效气隙。放电时，电枢绕组内流过交变的放电电流，交变的电枢反应磁通在补偿筒内感应出涡流，涡流产生的涡流场会补偿电枢反应磁通，使电枢绕组获得极低的瞬时内电感，依据总磁通守恒原理，电枢可向负载输出高幅值脉冲电流。总磁通守恒原理简述如下，可变电感 $L(t)$ 和可变电阻 $R(t)$ 串联为回路，回路电流为 $I(t)$，基尔霍夫回路电压方程为

$$(\mathrm{d}/\mathrm{d}t)[L(t)I(t)] + R(t)I(t) = 0 \quad (2\text{-}5)$$

当可变电阻 $R(t)$ 小到可以忽略时，上述方程的解为 $L(t)I(t) = L(0)I(0)$，即任何时刻的总磁通都等于初始时刻的总磁通。

这种补偿原理类似于电磁屏蔽,电磁屏蔽有磁屏蔽和电磁屏蔽两种方法。磁屏蔽是利用高磁导率的屏蔽材料,将磁场磁路短接,减少其对外部电路的影响。而电磁屏蔽是利用高导电率的材料,在变化的源磁场中感应的涡流,将磁场磁路遮断,减少源磁场对外部电路的影响。磁屏蔽会增加被屏蔽导体的电感,而电磁屏蔽会降低被屏蔽导体的电感。电磁屏蔽对低频屏蔽效果不明显,对高频屏蔽效果明显,因此适用于脉冲功率技术领域。

在脉冲发电机设计中,气隙的长度和电枢绕组的尺寸通常远小于定子内径和转子外径的尺寸,因此可将气隙及其两侧沿周向展开,将电机气隙内的磁场看成轴向不变的平行平面场,如图 2-7 所示。气隙长度为 δ,转子外径为 a,补偿筒径向厚度为 h,电枢绕组内放电电流为 i,其中 $\delta \ll a$。

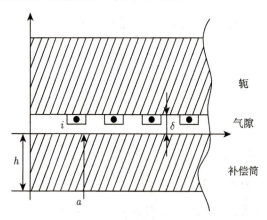

图 2-7 CPA 气隙两侧沿周向展开模型

假设电枢绕组内放电电流 i 在气隙中产生的磁场强度为 H_0,补偿筒内壁处的磁场强度为 H_c。根据电磁场的连续性条件,分界面两侧磁场强度的差值等于分界面上的面电流线密度,即

$$H_c - H_0 = K_1 \tag{2-6}$$

式中,K_1 为补偿筒内感应涡流的线密度,$K_1 = \gamma E_1 h$;E_1 为补偿筒内的电场强度;γ 为补偿筒的电导率;h 为补偿筒的厚度。

在补偿筒中取导电回路 l_1,根据麦克斯韦方程,得

$$\oint_{l_1} \overline{E_1} \cdot \mathrm{d}\bar{l} = -\frac{\partial}{\partial t} \iint_{S_1} \overline{B_1} \cdot \mathrm{d}\overline{S} \tag{2-7}$$

将式 (2-6) 代入式 (2-7),得

$$\frac{K_1}{\gamma h} \cdot 2 \cdot \pi \cdot a = -\mu_0 \frac{\partial H_c}{\partial t} \cdot \pi \cdot a^2 \tag{2-8}$$

式中，μ_0 为真空磁导率。

化简式 (2-8) 得

$$\tau\frac{\partial H_c}{\partial t} + H_c = H_0 \tag{2-9}$$

式中，$\tau = \frac{\mu_0 a \gamma h}{2}$。求解式 (2-9)，得补偿筒内的磁场强度为

$$H_c = H_0\left(1 - e^{-t/\tau}\right) \tag{2-10}$$

补偿筒内感应涡流的线密度为

$$K_1 = -H_0 e^{-t/\tau} \tag{2-11}$$

从式 (2-10)、式 (2-11) 可知，补偿筒内感应涡流呈指数形式衰减，使补偿筒内部磁场不能突变，延缓电枢反应磁场向补偿筒内部扩散，压缩电枢反应磁场，达到减小电枢绕组瞬态电感的目的。

2.1.4 脉冲发电机的工作过程

不同于传统同步发电机，脉冲发电机系统运行的基本步骤包括储能、自激、放电、能量回收。由于电机采用不导磁的复合材料，建立磁场困难，因此采用自激方式建立磁场。以一台单相脉冲发电机为例，其简化电路如图 2-8 所示。

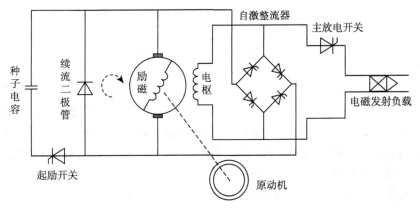

图 2-8 单相脉冲发电机电路原理图

(1) 起动过程：原动机拖动脉冲发电机至额定转速，电机转子储存动能。

(2) 自激过程：闭合起励开关，脉冲电容器向转子励磁绕组输入一个几千安的种子电流，产生初始旋转磁场，在定子电枢绕组中感应出反电势，并产生电枢电流，电枢电流经过外接的自激整流器流回励磁绕组。在电路参数满足一定的条件下，励磁电流逐渐升高，形成正反馈的自激过程，转子储存的机械能转化为磁场储能。由于空芯脉冲发电机不受磁饱和的影响，理论上励磁电流可以呈指数无限增长。

(3) 放电过程：达到额定励磁电流时，停止自激整流器的触发信号，励磁绕组经续流二极管短路续流，继续提供旋转励磁磁场。根据负载需求在合适的相位触发主放电开关，电枢绕组向负载放电。

(4) 能量回收：放电结束后，处于续流状态的励磁绕组中仍有电流，这部分磁场储能可通过续流或外接泄流电阻释放。励磁电流降为零后，一次放电结束，电机依靠惯性储能自由旋转，或通过原动机补充能量，待机等待下一次发射指令。

典型的励磁绕组电流波形如图 2-9 所示。

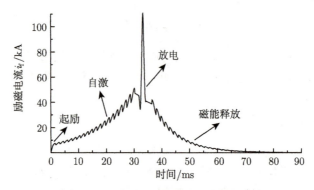

图 2-9 典型的励磁绕组电流波形

2.2 脉冲发电机的类型

从脉冲发电机的发展历史来看，根据定转子轭使用材料的不同，可分为铁芯电机和空芯电机。铁芯电机指的是定转子轭部材料采用的均是铁磁材料，而空芯电机则指的是转子或定子轭部分或全部采用高强度非导磁材料的电机。采用空芯结构的电机可以提高电机转子轭强度，因此在相同结构下，可提高电机转速，进而提高电机的储能，同时电机的质量降低也提高了电机的储能密度。

脉冲发电机的补偿元件可采用多种结构形式和绕组形式，不同的结构和绕组形式，使得转子旋转时，产生不同的电枢绕组电感变化规律，从而输出不同的脉冲电流波形。三种补偿方式分别为：被动式、主动式和选择被动式。

2.2.1 补偿形式分类

1) 被动式

由厚度均匀、导电性能良好的补偿筒 (通常为铝筒) 为电枢绕组提供均匀补偿，如图 2-10 所示，补偿筒安装在励磁绕组和电枢绕组之间且与励磁绕组保持相对静止。由于补偿筒是连续的，所以无论转子的位置如何，耦合系数 k_{ac} 始终保持较大

2.2 脉冲发电机的类型

值,从而使电枢绕组具有恒定的低电感,输出电流波形为近似正弦波,适用于电磁发射。

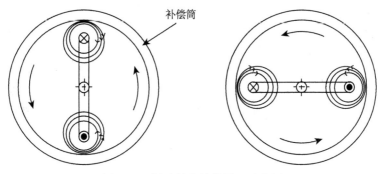

图 2-10 被动补偿结构原理示意图

2) 主动式

专设有一套补偿绕组,并通过滑环和电刷与电枢绕组串联连接,如图 2-11 所示。负载时,电枢绕组和补偿绕组间的互感随定、转子相对运动而做周期性地变化,当两绕组轴线反向重合时耦合系数最大,此时绕组的内电感近似等于两绕组漏电感之和,能够产生很窄的尖峰脉冲,适用于闪光灯负载等。

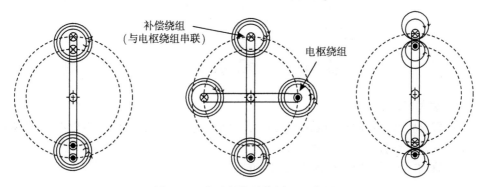

图 2-11 主动补偿结构原理示意图

3) 选择被动式

利用自行短路的补偿绕组实现,如图 2-12 所示,由于补偿电流是通过感应而生,因此补偿绕组产生的磁场总是对电枢反应磁场起削弱作用。电枢绕组和补偿绕组的耦合系数 k_{ac} 由它们之间的相对位置关系决定,电机的内电感是随转子位置周期性变化的,经特殊设计后能够输出近似矩形的电流脉冲,是电磁轨道炮负载所需的理想电流波形。

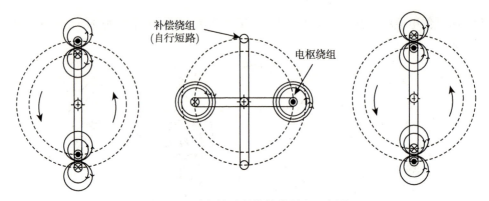

图 2-12 选择被动补偿结构原理示意图

三种补偿方式下的典型电流脉冲波形如图 2-13 所示。

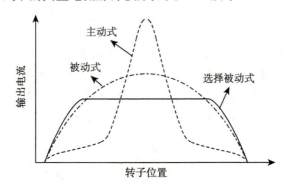

图 2-13 三种补偿方式下的典型电流脉冲波形

4) 无补偿式

补偿部件降低电机内电感，但也增加了结构复杂性。无补偿式脉冲发电机不设计专门的补偿部件，而是用励磁绕组充当补偿元件，放电时通过电枢反应，压缩电枢绕组磁通，达到降低电机内电感的目的。

2.2.2 励磁方式分类

除了按补偿形式，脉冲发电机还可以按照励磁方式进行分类，分为电励磁、永磁励磁与混合励磁。

1) 电励磁

电励磁指的是利用励磁电流产生励磁磁场，对于铁芯机采用外部励磁源或者自励，对于空芯机采用自激励磁或者电容脉冲励磁。

2) 永磁励磁

永磁励磁指的是与常规的永磁电机一样，励磁部分只采用永磁体产生励磁磁场。与电励磁电机相比，由高剩磁密度、高矫顽力和高磁能积稀土永磁制成的电机，具有结构简单、运行可靠、体积小、质量轻、损耗小、效率高等优点。但是，由于永磁电机的磁特性难以调整，当转速或负载变化时，发电机电压难以保持稳定，影响实际应用。

3) 混合励磁

混合励磁指的是同时利用永磁体和电励磁来建立电机内部的磁场。该 CPA 实现了无刷化，提高了电机可靠性，更适于工作在高速状态，提高了能量密度和功率密度。电励磁负荷得以减小，改善了绕组发热情况，提高了电机效率。通过调节电励磁，可快速灵活调节磁场，快速调节电机输出性能，获得适合不同类型脉冲负载的不同驱动脉冲电流波形，达到一机多用的目的。

2.3 脉冲发电机的发展

补偿脉冲发电机是一种集惯性储能、机电能量转换和脉冲成形于一体的脉冲电源，与其他脉冲电源 (电感器、电容器、单极发电机等) 相比较，具有功率密度高、储能密度高、重复频率高和使用寿命长等综合优势，在军事领域的应用越来越广泛，在民用领域也有较好的应用前景。随着补偿脉冲发电机的发展和实战化的需要，补偿脉冲发电机的设计逐渐趋向于高速化、轻型化、集成化、模块化和通用化。

目前，世界范围内主要的研究机构，包括美国 Texas 大学机电中心、Lawrence Livermore (劳伦斯·利弗莫尔) 国家实验室、英国 Culham (卡拉姆) 实验室、Loughborough (拉夫堡) 工业大学、全俄实验物理科学研究中心、俄罗斯科学院电工研究中心、中国哈尔滨工业大学、华中科技大学以及中国科学院等离子体物理研究所。其中，以美国的投资最大，研究水平最高。

美国得克萨斯大学机电中心承担了"美国陆军电武器计划"中的第 6.2 项关于脉冲电源研究的"关键技术计划"项目，其目标为研制下一代高功率、高储能密度脉冲发电机。按照美军计划，由新一代脉冲发电机驱动的电炮系统将装备在"未来主战坦克"上。

美国得克萨斯大学机电中心共研制了五代样机，分别如下：

1) 第一台 CPA 工程样机 (engineering CPA prototype)

1978 年，UT-CEM 设计了第一台脉冲发电机工程样机，如图 2-14 所示。最初的设计研究目的是为美国劳伦斯·利弗莫尔国家实验室 (LLNL) 的惯性约束核聚变激光装置的氙灯提供合适的高功率脉冲电源，解决电容电源不能提供氙灯所需的重复脉冲的问题。CPA 可以相对容易地提供氙灯所需的一定功率的短脉宽 (500μs~1ms) 重复脉冲，该样机为铁芯立式结构，单相四极，最大转速为 5400r/min，空载电压为 5.7kV，设计转速储能为 3.4MJ，放电电流峰值为 72kA，脉宽为 560μs。

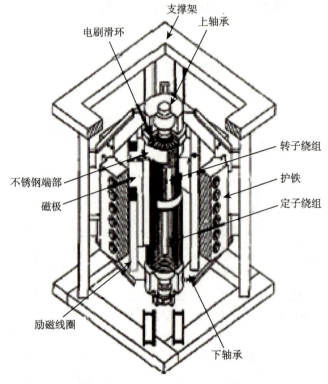

图 2-14　第一台 CPA 工程样机

样机转子采用 2913 号硅钢片叠装以降低涡流，热套在 4340 号高强度钢制成的转轴上。为了防止高速旋转时，转子叠片发生串动，影响电机转子转动的稳定，采用机械方式提高转子的硬度，防止在 5400r/min 时转子叠片由于高速离心力分开。定子背轭设计要能经受住峰值 150kA 放电电流时，作用其上的 $2.7 \times 10^6 \mathrm{N \cdot m}$ 的脉冲转矩和 20.7MPa 的内压力。通过机械结构加固定子背轭，防止因背轭滑动，而使定子背轭和励磁绕组之间的环氧树脂黏结层遭到破坏。定子背轭连接的外框可以旋转，放电时外框连接背轭同步旋转，将转矩由 $6.82 \times 10^6 \mathrm{N \cdot m}$ 降低到 $1.15 \times 10^5 \mathrm{N \cdot m}$。

最成功的一次放电实验为加速到 4800r/min，放出 30kA 的峰值电流，脉宽为 1.3ms，单脉冲输出能量为 140kJ。该样机在无励磁情况下成功加速到最大转速 5400r/min，在加上满励磁时，电压峰值达到设计值 6kV，但是准备放电前，由于电枢绕组端部绝缘出现故障，电机被损坏。由于定子实心极产生的涡流损耗，降低了电感的压缩比，对该 CPA 进行结构改进，将补偿绕组换成补偿筒，并同电枢绕组串联,同时改变电枢导体的尺寸以及改进绕组的绝缘系统,制造了一台新样机。

该 CPA 成功验证了主动补偿的原理,利用补偿绕组将电机的内阻抗降低到一个很低的值,并且还可以同步调解脉冲电流波形的形状,并验证了 UT-CEM 和 LLNL 编制的利用空间谐波场分布计算绕组电阻电感的程序和电路仿真程序的准确性。

2) 快速发射导轨炮用 CPA (rapid fire CPA)

脉冲发电机利用补偿原理 (磁通压缩) 发出高能量、高功率脉冲的 "单元件",最初被用作惯性约束核聚变激光装置的氙灯的驱动电源,其后很快被美国陆军和美国国家航空航天局 (NASA) 成功用于驱动电磁弹射器和高频微波武器。随着美国 20 世纪 80 年代提出的 "星球大战" 计划,美国陆军设立了电炮项目,开始立项研发做导轨炮电源的 CPA,命名为铁芯补偿脉冲发电机 (Iron-Core CPA, ICC),也称作快速发射导轨炮用 CPA(rapid fire CPA),是第一台直接用于驱动电磁导轨炮的 CPA。1983 年完成设计,1987 年 UT-CEM 完成该样机的放电实验,如图 2-15 所示,利用 30mm 双管导轨炮,将 80g 混合实体电枢发到 2km/s,首次验证了 CPA 作为导轨炮电源的可行性。该 CPA 为铁芯转场式、单相、六极、被动补偿式结构,转子采用实心 AISI 4340 钢,定子采用硅钢片叠装以降低涡流。电枢绕组利用玻璃纤维环氧树脂固定在定子轭内表面。7050-T74 铝制补偿筒热套于转子上,热套过程中,配合面同时涂以环氧树脂,提高配合紧度,防止高速旋转导致的铝筒与转子松脱。最难的设计和加工集中在补偿筒上,厚度的选择既要达到其作为导电筒,补偿磁通来获取所需要电感的目的,同时还要考虑其自身的强度,防止高速时开裂变形。

图 2-15 快速发射炮用 CPA

该 CPA 脉冲宽度在 2~3ms,单发发射能量为 160kJ,传输电功率为 1.2GW,

是当时存在的同步发电机所能发出的最高功率。但是，其能量密度和功率密度仍然无法满足美国陆军提出的指标。1986 年 9 月，对该 CPA 的初次全速实验中，由于励磁线圈端部区域的环氧失效，励磁线圈偏向补偿筒，使部分补偿筒偏向电枢绕组，并最终同电枢绕组相接触，电机绕组绝缘被破坏，励磁绕组、电枢绕组和补偿筒受到严重损坏。在以 10Hz 的频率完成了导轨炮的可靠发射后，ICC 被作为新型脉冲发电机用高功率开关和导轨炮炮管的实验用电源。

3) 小口径炮用 CPA (small caliber CPA，SCC)

在 ICC 成功驱动电磁导轨炮，验证了其补偿工作原理之后，美国陆军开始研制结构更紧凑、质量更轻的补偿脉冲发电机。1988 年，UT-CEM 设计和建造了第一台空芯 CPA，称为小口径发射用 CPA，如图 2-16 所示，其使用高强度密度比的复合材料代替 ICC 的铁磁材料来制造 CPA。尽管其额定的功率仅为 ICC 的一半，但是质量是 ICC 的 8%，SCC 的功率密度将比 ICC 提高 6 倍，验证了新型复合材料的引入对电机能量密度和功率密度的大幅提高，此后 UT-CEM 研究的脉冲发电机均为空芯机。

图 2-16 小口径炮用 CPA

研究者在加工之前对小口径发射炮系统用 CPA 进行了详细的分析和设计，利用程序对转子进行了优化设计。该 CPA 设计融合了当时最先进的技术，包括多层复合转子设计，采用氮化硅陶瓷轴和混合氮化硅轴承，机壳采用钛金属制成。

多层复合转子是小口径发射用 CPA 设计的特点，转子由 15 层组成，两层为电枢绕组层，两层为铺设的玻璃环氧树脂布，两层为轴向纤维占大部分的纤维铺层，其余 9 层为环向纤维缠绕。9 层环向缠绕层采用过盈配合，过盈量精确计算，保证转子在高速转动时各层始终保持径向压力。小口径 CPA 绕组拓扑结构的特点是，转子上有两套电枢绕组，一套用于自激励磁，另外一套用于向电磁炮放电，两绕组根据各自不同的工作电流和工作时间分别设计，实现了电机的优化设计，保证在电

2.3 脉冲发电机的发展

机向负载放电的能力不降低的前提下,提高励磁效率。

4) 加农口径炮用 CPA (cannon caliber CPA, CCEMG)

20 世纪 90 年代初期,美国海军继美国陆军之后,也对电磁炮产生浓厚兴趣,共同设立项目研制加农口径电磁炮系统。该电磁炮系统指标是根据实际军事需求设定的,同时要求该系统的尺寸、质量可以匹配两栖突击车,在此需求下,UT-CEM 研制了加农口径电磁炮用 CPA,如图 2-17 所示。该 CPA 转子单次存储的惯性能可将矩形炮膛(等效于 30mm 圆形炮膛)电磁炮内的 185g 集成发射弹以 5Hz 的频率 5 发连射,共发射 3 轮,轮间间隔 2.5s,炮口速度达到 1.85km/s。

图 2-17 加农口径电磁炮用 CPA

加农口径电磁炮用 CPA 为单相空芯结构,采用自激励磁。单相电枢绕组既为励磁绕组输送励磁电流,同时也为电磁炮提供放电电流。针对该样机,详细研究了转子的动力学特性以及支撑系统,实验中主动控制转矩速度曲线,使得转子平滑地通过第一临界转速,防止复合转子在临界转速附近大幅振动,导致转子复合材料失效,发生故障。

5) 模型比例 CPA (model scale CPA)

20 世纪 90 年代中期,美国陆军设立脉冲电源"关键技术"研究计划,目的是研制下一代更紧凑、更轻巧的补偿脉冲发电机功率源,使电炮系统能够于 2015 年装备在"未来主战坦克"上。该功率源作为全电坦克的一部分,既可以为电磁炮、电磁装甲等提供瞬时高脉冲功率,也可以为机车加速、再生制动和电磁悬挂等提供持续电力。UT-CEM 承担了该项目,设计了模型比例 CPA,并建立了放电系统,如图 2-18 所示。

该 CPA 为四相、转场式、改进的内转子拓扑结构。通过模型比例 CPA 的研究,编制了能够准确计算 CPA 性能的设计和仿真程序,方便了下一代样机的开发。

图 2-18 模型比例 CPA 及其放电系统

6) 关键技术计划 CPA(focused technology program CPA)

UT-CEM 第五代 CPA 采用的是四相四极、自激无补偿转场式拓扑结构,转子采用空芯加强边缘结构,目前相关设计与文献较少。美国 UT-CEM 研制的用于电磁炮的 CPA 的拓扑结构和参数,如表 2-1 所示。

表 2-1 UT-CEM 研制的历代 CPA 拓扑结构和具体参数

	速射炮用 CPA	小口径炮用 CPA	加农炮用 CPA	模型比例 CPA
相数	1	1	1	4
极数	6	2	2	4
励磁方式	他励转场式	自激转枢式	自激转枢式	自激转场式
补偿方式	被动补偿	被动补偿	选择被动补偿	无补偿
CPA 质量/kg	11000	750	2000	2046
体积/m^3	2.1	0.22	0.85	0.88
CPA 转速/(r/min)	4800	25000	12000	12000
气隙磁密/T	1.6	2	2	3.5
转子储能/MJ	38	250	13.5	40
相电流峰值/kA	944	3500	560	660
相电压峰值/kV	2	8	3.6	2.8
发射能量/kJ	160	9000	64	280
峰值功率/MW	1200	27000	1500	2500
功率密度/(kW/kg)	109	2160	1580	1221.9
能量密度/(kJ/kg)	3.4	20	13.5	19.5

7) 先进关键技术计划 CPA (advanced focused technology program CPA)

美国的更新一代的 CPA 转到公司进行研发研制,先进关键技术计划 CPA 制造的 CPA 样机为两台同步反向旋转的电机组,如图 2-19 所示。

样机的转子和定子分别如图 2-20(a) 和 (b) 所示。样机的主要参数为转速 12000r/min,储能 46MJ,电压 7kV,单台放电电流 800kA,转子长 1m,转子轮缘速度 500m/s。

2.3 脉冲发电机的发展

图 2-19 先进关键技术计划 CPA 样机图

(a) 转子图

(b) 定子图

图 2-20 先进关键技术计划 CPA 的定转子图

除美国外，英国、法国、德国、俄罗斯、印度等军事强国也投入资金，进行 CPA 关键技术的研究，但多集中在模型验证、理论分析等方面。随着国家对高功率脉冲电源的重视，我国近年来对脉冲发电机也进行了相关的研究，主要集中在理论研究、解析计算以及原理样机的研制。国内对于脉冲发电机的主要研究机构有中国科学院合肥等离子体物理研究所、中国科学院电工研究所、华中科技大学、哈尔滨工业大学等。

我国 20 世纪 80 年代初对补偿脉冲发电机进行跟踪研究，中国科学院合肥等离子体物理研究所，先后研制了 6 台各种类型的 CPA 模型样机，80 年代末设计制造了 1 台 25MW 被动补偿式 CPA，并成功完成了驱动电磁炮的连发实验，以每秒 4 发的射频将 10 个弹丸发射到出膛速度 2km/s。

20 世纪 90 年代初，设计了 1 台 10MW 主动补偿式 CPA，提出了 CPA 串级运行、偏极和双机同壳的概念，成功驱动固体激光器。中国科学院电工研究所设计了一台主动补偿脉冲发电机，压缩比为 55，进行了容性负载实验研究。华中科技大学 90 年代初开始 CPA 的研究，研制了主动补偿和被动补偿模型样机各 1 台，主要集中在理论分析和实验验证。

"十一五"和"十二五"期间，华中科技大学和哈尔滨工业大学进行了空芯样机的研制，在空芯补偿式脉冲发电机基础理论和工程应用研究方面开展了大量卓有成效的研究，对放电情况下电机的运行行为进行了仿真计算和实验研究，为空芯补偿脉冲发电机的理论研究和工程化应用奠定了基础。

课题组已经研制完成的部分样机 (截至 2015 年) 的图片主要包括：铁芯被动补偿脉冲发电机 (图 2-21)，混合励磁被动补偿脉冲发电机 (图 2-22) 以及定子双电枢绕组空芯被动补偿脉冲发电机 (图 2-23)。

图 2-21 铁芯被动补偿脉冲发电机

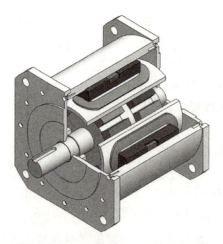

图 2-22 混合励磁被动补偿脉冲发电机

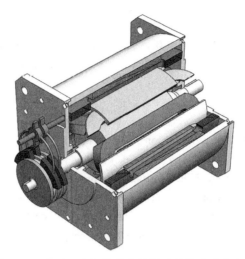

图 2-23　定子双电枢绕组空芯被动补偿脉冲发电机

参 考 文 献

[1] 王莹. 脉冲功率科学与技术. 北京：北京航空航天大学出版社, 2010.

[2] 徐善纲, 张适昌, 史黎明. 补偿脉冲发电机. 电工电能新技术, 1990, 1: 16-22.

[3] Weldon W F. Compensated pulsed alternator. U. S. Patent 4200831, 1980.

[4] Kitzmiller J R, Pratap S B, Driga M D. An application guide for compulsators. IEEE Transactions on Magnetics, 2003, 31(1): 285-287.

[5] 吴绍朋. 空芯补偿脉冲发电机的设计方法与关键技术研究. 哈尔滨工业大学博士学位论文, 2011.

[6] 李军, 严萍, 袁伟群. 电磁轨道炮发射技术的发展与现状. 高电压技术, 2014, 40(4): 1052-1064.

[7] 李格. 旋转磁通压缩脉冲发电机的理论与实验研究. 中国科学院等离子体物理研究所博士学位论文, 1993: 1-5.

[8] 李格. 被动补偿脉冲发电机气隙绕组电感的解析计算. 核聚变与等离子体物理, 2000, 20(2): 125-128.

[9] 李格, 王勇, 刘保华, 等. 25 兆瓦旋转磁通压缩脉冲发电机的实验研究. 中国科学技术大学学报, 2000, 30(5): 561-566.

[10] 郑科. 永磁式被动补偿脉冲发电机研究. 华中科技大学硕士学位论文, 2004.

[11] Brennan M, Bird W L, Gully J H, et al. The mechanical design of a compensated pulsed alternator prototype. 2nd IEEE International Pulsed Power Conference, Lubbock, TX, USA, 1979: 392-397.

[12] Pratap S B, Bird W L, Godwin G L, et al. A compulsator driven rapid-fire EM gun.

IEEE Transactions on Magnetics, 1984, 20(2): 211-214.

[13] Walls W A, Spann M L, Pratap S B, et al. Design of a self-excited, air-core compulsator for a skid-mounted repetitive fire 9 MJ railgun system. IEEE Transactions on Magnetics, 1989, 25(1): 574-579.

[14] Kitzmiller J R, Pratap S B, Aanstoos T A, et al. Optimization and critical design issues of the air core compulsator for the cannon caliber electromagnetic launcher system(CCEML). IEEE Transactions on Magnetics, 1995, 31(1): 61-66.

[15] Kitzmiller J R, Cook K G, Hahne J J, et al. Predicted vs. actual performance of a model scale compulsator system. IEEE Transactions on Magnetics, 2001, 37(1): 362-366.

[16] Putley D. Analysis and modeling of the culham experimental compulsator. 6th IEEE International Pulsed Power Conference, Arlington, VA, USA, 1987: 514-517.

[17] Spikings C R, Putley D. Simulation of selective passive compensation. IEEE Transactions on Magnetics, 1991, 27(1): 415-420.

[18] Vassioukevitch P V. Iron-core compulsator. 9th IEEE International Pulsed Power Conference, Albuquerque, NM, USA, 1993: 224-227.

[19] Akiyama H. Pulsed power in Japan. 10th IEEE International Pulsed Power Conference, Albuquerque, NM, USA, 1995: 13-16.

[20] Eastham J F, Balchin M J, Hill-Cottingham R J, et al. Numerical analysis techniques applied to a model iron-cored compulsator. IEEE Transactions on Magnetics, 1995, 31(1): 587-592.

[21] Lomonova E A, Miziurin S R. The theoretical investigations and mathematical models of the compulsators. 7th International Conference on Electrical Machines and Drives, Durham, UK, 1995: 131-135.

[22] Jaewon J, Younghyun L, Kyungseung Y, et al. Overview of ETC Program in Korea. IEEE Transactions on Magnetics, 2001, 37(1): 39-41.

[23] Curtiss-Wright. Pulsed Power Systems/EM Gun [OL]. http://apsd.cwfc.com/defensegov/spokes/02_pulsedpower-em.htm.

[24] Joe, Beno. Center for Electromechanics Energy Storage and Pulsed Power Research.

第 3 章　脉冲发电机的电磁设计

脉冲发电机由于其特殊的结构与工况,其设计方法与运行特性不同于常规发电机。本章主要阐述脉冲发电机的设计方法,包括极数、相数和主要尺寸的选择,电磁参数的计算,空载磁场分析和放电特性分析,数学模型的建立,有限元建模分析及其设计流程[1-12]。

3.1　脉冲发电机主要尺寸、储能和功率的关系

常规电机的主要尺寸是指定子内径和电枢计算长度,由主要尺寸计算公式通过电机额定功率计算得到。脉冲发电机设计同常规电机设计一样,也首先要进行主要尺寸的设计。

脉冲发电机集惯性储能和机电能量变换为一体,其主要尺寸需满足储能需求和功率需求。某些情况下储能需求指标更为苛刻,此时就要优先考虑主要尺寸与储能之间的关系;而另外一些情况,功率需求更难以满足,则要优先考虑主要尺寸与功率之间的关系。

3.1.1　主要尺寸与储能的关系

对于需要储存足够多能量的脉冲发电机,优先考虑其主要尺寸与储能之间的关系。该类型脉冲发电机一般用在驱动单发能量低但发射频率高的武器系统中,该系统在发射间歇重新拖动电机补充损失的能量是很困难的,因此需要单次存储足够多的能量。

脉冲发电机转子有实心和中空两种结构,为了提高能量密度,一般设计为中空结构,因此可以将转子简化为圆柱结构,转子的转动惯量 J 为

$$J = \frac{\pi}{2}\rho_r l_r (b_r^4 - a_r^4) = \frac{\pi}{2}\rho_r l_r (b_r^4 - b_r^4 \lambda^4) \tag{3-1}$$

式中,a_r 为转子内半径;b_r 为转子外半径;ρ_r 为转子平均质量密度;l_r 为转子有效长度;λ 为转子内外径比。

转子储能 E_r 的计算公式为

$$E_r = \frac{1}{2}J\omega^2 \tag{3-2}$$

由式 (3-1)、式 (3-2)，可以导出转子惯性储能计算公式：

$$E_{\mathrm{r}} = \frac{\pi}{4} \rho_{\mathrm{r}} \beta \left(1 - \lambda^4\right) b_{\mathrm{r}}^3 v_{\mathrm{tip}}^2 \tag{3-3}$$

式中，β 为转子长径比；v_{tip} 为转子边缘线速度。

此时，转子的储能密度为

$$\frac{E_{\mathrm{r}}}{m_{\mathrm{r}}} = \frac{\pi}{4} \frac{\rho_{\mathrm{r}} \beta (1 - \lambda^4) b_{\mathrm{r}}^3 v_{\mathrm{tip}}^2}{\pi \rho_{\mathrm{r}} \beta (1 - \lambda^2) b_{\mathrm{r}}^3} = \frac{1}{4}(1 + \lambda^2) v_{\mathrm{tip}}^2 \tag{3-4}$$

由式 (3-4) 可得，当转子外形尺寸一定时，其内外径比越大，即内半径越大，储能密度也就越大。根据储能表达式，随着内外半径之比的增大，转子储能会减少。所以，转子的内外半径要恰当地选择。内外径比取 0.4~0.7，可以在获得高储能密度的同时兼顾转子惯性储能的需求。长径比选取范围为 2~4，以防止高速时的振动。

3.1.2 主要尺寸与功率的关系

当脉冲发电机需要输出很高的功率时，电枢绕组的剪应力是一个主要的限制因素。脉冲发电机定子主要包含电枢绕组和定子轭，电枢绕组粘接于定子轭内表面，所受的剪应力 τ_θ 的计算如下：

$$\tau_\theta = \frac{P_{\mathrm{r}}}{\omega_{\mathrm{f}} A b_{\mathrm{r}}} \tag{3-5}$$

式中，P_{r} 为脉冲发电机的峰值功率；ω_{f} 为放电后转子的转速，$\omega_{\mathrm{f}} = \sqrt{1 - f_u} \omega_0$；$f_u$ 为放电导致转子变化的惯性储能占转子全速时储能的百分比；ω_0 为放电前转子的转速；A 为绕组的有效黏接面积。

通过绕组和定子轭之间黏接层的许用强度和安全系数，计算出绕组所能承受的最大剪应力，进而求出绕组的有效黏接面积。

当脉冲发电机用于长程电磁发射或者超过 10MJ 炮口动能的电磁武器时，发射频率低，单发能量高，电机仅需要存储足够发射单发的能量即可。但实际上由于峰值功率很高，电枢绕组所受剪应力很大，为了降低剪应力，使之不超过材料的许用极限，保证电机的安全可靠运行，则需要增加绕组有效黏接面积，增大电机尺寸，这时电机储存的能量将超过单发发射所需的能量。

电机主要尺寸与储能和功率的关系中，均涉及电机转速。一定储能需求下，电机转速越高，转子半径越小；一定功率需求下，电机转速越高，定子内径越小。因此，更高的电机转速，更小的电机尺寸，有利于高功率惯性储能脉冲电源的小型化。

电机转速提高时，电机频率会相应增加，导致开关器件损耗增大，对整流器件要求更高。此外，频率增加也会导致电机内阻抗和负载阻抗增加，为了满足输出电流要求,则需要更高的输出电压,电机设计难度加大。因此,在设计计算脉冲发电机的电机主要尺寸时,不仅要考虑其和储能、功率之间的关系,转速也是需要综合考虑的一个因素。

3.2 电机极数与相数的选择原则

在主要尺寸确定后,还需考虑电机的极数和相数。根据电磁发射负载装置的参数及发射体的质量、加速度和出口速度,计算出电机所需提供的脉冲电流波形,根据脉冲电流波形参数确定脉冲发电机的极数和相数。

3.2.1 极数选择原则

对于单相脉冲发电机,为了获得更宽的脉冲电流,理论上脉冲发电机的极对数应尽量少,然而一对极电机在实际运行时存在诸多电磁和机械方面的问题。一方面放电时转子受力不均,容易引起偏振和应力集中问题;另一方面,一对极电机励磁绕组内部磁场恒定不变,磁场穿过电机转轴,如图 3-1 所示,需采用非磁性转轴和轴承。因此,单相脉冲发电机多采用两对极结构,磁通路径短,绕组沿圆周均匀分布,电磁和受力沿圆周分布对称。

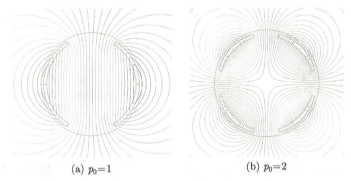

(a) $p_0=1$ (b) $p_0=2$

图 3-1 极对数 p_0 对空芯脉冲发电机磁力线分布的影响

随着多相结构的广泛采用,电机的频率不再受脉宽的制约,因此在满足开关器件频率限制的条件下,脉冲发电机理论上可以采用更多极的设计方案,以获得更接近于平顶梯形波的输出电流,但电机极数越多,电枢绕组与补偿绕组的耦合系数越小,脉冲发电机的补偿效果越差,因此多相脉冲发电机通常设计为两对极或三对极结构。

3.2.2 相数选择原则

脉冲发电机可以设计为单相或多相结构。单相结构利用输出电压的正半周向负载放电,输出电流仅由单脉冲构成。由于放电回路为感性,所以输出电流脉宽大于半个电周期。单相电机结构简单,对输出开关器件的性能和控制要求低,放电结束后能自动回收轨道炮等感性发射装置上的电能。单相脉冲发电机结构的缺点是电机的转速和频率受脉宽的制约,因此仅适用于驱动所需脉宽较短的小口径轨道炮,难以驱动加速时间较长的大口径轨道炮。同时,单相脉冲发电机放电时,仅有点火角一个可控的自由度,电流波形调节灵活性差。

采用多相结构的脉冲发电机,通过控制每相绕组的合闸角,将多个短脉冲合成一个符合负载要求的宽脉冲,如图 3-2 所示,解耦了电机转速与脉宽之间的制约关系,不仅能获得足够的脉宽,还能提高转速,从而获得更高的储能密度,同时输出波形更具灵活性,特别适合于驱动高能的电磁发射。为了使每相能够独立控制,多相脉冲发电机多采用两相和四相结构,每相绕组之间的电角度正交,避免各相绕组之间的电磁耦合。

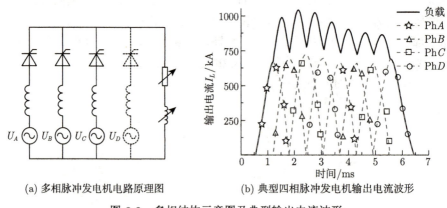

(a) 多相脉冲发电机电路原理图　　(b) 典型四相脉冲发电机输出电流波形

图 3-2　多相结构示意图及典型输出电流波形

不同类型的轨道炮有不同的发射需求,对于一台四极脉冲发电机,当转速达到 10000r/min 时,输出电压的电周期为 3ms,此时单相电机的输出脉宽可达 1.5~2.5ms,恰好满足小口径炮和加农口径炮的发射需求。在驱动脉宽需求较短的轨道炮时,无须解耦脉宽与转速的关系,单相拓扑结构效果更佳。而对于驱动中型口径以上的轨道炮,由于所需脉宽时间较长,只有采用多相结构才能输出满足负载需求的脉冲电流波形。

3.3　脉冲发电机的空载磁场分析

分析传统铁芯电机时,由于气隙较小及铁磁材料的导磁性质,通常将磁场分为气隙主磁场与漏磁场分别计算。而空芯脉冲发电机定转子均由非铁磁材料制成,电机内的磁力线不受铁芯的约束，难以明确地区分主磁场与漏磁场，磁能密集储存于定转子间狭小气隙的情况不复存在，因此不能采用传统铁芯电机的分析方法，必须以电磁场分析计算为基础，研究空芯脉冲发电机的磁场分布。

3.3.1 空芯电机

图 3-3 为脉冲发电机简化模型，这是一个 p 对级电机，转子相对磁导率为 μ_r，定子相对磁导率为 μ_s。为了能获得一般性的结果，绕组半径为 R_w，且和定转子都不接触。当 $R_w = R_r$ 时，绕组代表励磁绕组，当 $R_w = R_s$ 时，绕组代表电枢绕组。在空芯电机中，定转子相对磁导率均为 1。

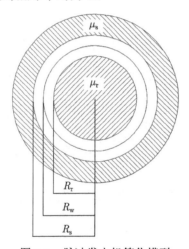

图 3-3　脉冲发电机简化模型

分析中，忽略端部的影响，绕组涡流也被忽略。为了简化计算，绕组由正弦分布的线电流代替，认为电流集中在绕组中心线 $\rho=R_w$ 上（ρ 为极坐标下的极径），则流过该绕组电流的线密度为

$$K = K_m \sin(p_0\varphi) = \frac{2Nk_w i}{\pi R_w}\sin(p_0\varphi) \tag{3-6}$$

式中，K 为电流的线密度，单位 A/m；φ 为机械角度；N 为每相绕组的总串联匝数；k_w 为基波绕组因数；i 为绕组电流。

忽略边缘效应，电机内磁场可视为沿轴向不变的平行平面场，因电流 i 沿轴向方向，故磁矢位只有轴向分量 A_z，满足拉普拉斯方程，在柱坐标系下为

$$A_z(\rho,\varphi) = A_0(\rho)\sin(p\varphi) \tag{3-7}$$

式中，$A_0(\rho)$ 满足方程

$$\frac{\mathrm{d}^2 A_0(\rho)}{\mathrm{d}\rho^2} + \frac{1}{\rho}\frac{\mathrm{d}A_0(\rho)}{\mathrm{d}\rho} - \frac{p^2}{\rho^2}A_0(\rho) = 0 \tag{3-8}$$

考虑到边界条件：

$$\begin{cases} A_z(0) = 0, \quad A_z(\infty) = 0 \\ A_z(R_{w+}) = A_z(R_{w-}) \\ \dfrac{1}{\mu_0}\dfrac{\partial A_z(R_{w+})}{\partial \rho} - \dfrac{1}{\mu_0}\dfrac{\partial A_z(R_{w-})}{\partial \rho} = K \end{cases} \quad (3\text{-}9)$$

式中，μ_0 为真空磁导率，$\mu_0 = 4\pi \times 10^{-7}\text{A/m}$。解得

$$A_z(\rho,\phi) = \begin{cases} \dfrac{\mu_0 K_m}{2 p_0}\rho \left(\dfrac{\rho}{R_w}\right)^{p-1} \sin(p\varphi), & \rho < R_w \\ \dfrac{\mu_0 K_m}{2 p_0}\rho \left(\dfrac{R_w}{\rho}\right)^{p+1} \sin(p\varphi), & \rho \geqslant R_w \end{cases} \quad (3\text{-}10)$$

根据磁矢位定义，可得出空芯脉冲发电机内任意点的径向磁密 B_ρ 和切向磁密 B_φ：

$$B_\rho(\rho,\varphi) = \dfrac{1}{\rho}\dfrac{\partial A_z(\rho,\varphi)}{\partial \varphi} = \begin{cases} \dfrac{\mu_0 K_m}{2} \left(\dfrac{\rho}{R_w}\right)^{p-1} \cos(p\varphi), & \rho < R_w \\ \dfrac{\mu_0 K_m}{2} \left(\dfrac{R_w}{\rho}\right)^{p+1} \cos(p\varphi), & \rho \geqslant R_w \end{cases} \quad (3\text{-}11)$$

$$B_\varphi(\rho,\varphi) = -\dfrac{\partial A_z(\rho,\varphi)}{\partial \rho} = \begin{cases} -\dfrac{\mu_0 K_m}{2} \left(\dfrac{\rho}{R_w}\right)^{p-1} \sin(p\varphi), & \rho < R_w \\ \dfrac{\mu_0 K_m}{2} \left(\dfrac{R_w}{\rho}\right)^{p+1} \sin(p\varphi), & \rho \geqslant R_w \end{cases} \quad (3\text{-}12)$$

由于空载时仅励磁绕组通有电流，由上式可知，此时励磁绕组处磁密最大，励磁绕组内外的磁密随绕组距离的增大而衰减，绕组内部 ($\rho < R_w$) 磁密衰减慢，绕组外部 ($\rho > R_w$) 磁密衰减快，衰减速度与电机的极对数 p_0 有关，p_0 越大，磁密衰减速度越快。但从电磁屏蔽的角度，p_0 越大，对电机的外屏蔽和转轴屏蔽越有利。当电机为两极结构时，励磁绕组内各点磁密相等，磁力线穿过转轴，这要求电机采用非磁性转轴，因此空芯脉冲发电机一般不采用两极结构。

由式 (3-11) 和式 (3-12) 可以得出，空芯脉冲发电机因不存在磁饱和制约，电机内的磁场与励磁电流呈线性关系。基波气隙磁密的径向与切向分量幅值相同，这与铁芯电机仅含径向分量完全不同，在电机设计时需要额外核算切向磁密对电枢绕组径向电磁力的作用。

3.3.2 非空芯电机

当电机为非空芯拓扑结构时，对磁密的影响仅是在空芯磁密计算的基础上乘以相应的系数，如表 3-1 所示。

3.3 脉冲发电机的空载磁场分析

表 3-1 不同材料脉冲发电机的磁场规律

	$\rho < R_w$	$\rho > R_w$
转子空芯 定子空芯	$B_r = \dfrac{\mu_0 A}{2}\left(\dfrac{\rho}{R_w}\right)^{p-1}\cos p\varphi$	$B_r = \dfrac{\mu_0 A}{2}\left(\dfrac{R_w}{\rho}\right)^{p+1}\cos p\varphi$
转子铁芯 定子空芯	$B_r = \dfrac{\mu_0 A}{2}\left(\dfrac{\rho}{R_w}\right)^{p-1}$ $\times\left[1+\lambda_R\left(\dfrac{R_r}{\rho}\right)^{2p}\right]\cos p\varphi$	$B_r = \dfrac{\mu_0 A}{2}\left(\dfrac{R_w}{\rho}\right)^{p+1}$ $\times\left[1+\lambda_R\left(\dfrac{R_r}{R_w}\right)^{2p}\right]\cos p\varphi$
定子铁芯 转子空芯	$B_r = \dfrac{\mu_0 A}{2}\left(\dfrac{\rho}{R_w}\right)^{p-1}$ $\times\left[1+\lambda_S\left(\dfrac{R_r}{R_s}\right)^{2p}\right]\cos p\varphi$	$B_r = \dfrac{\mu_0 A}{2}\left(\dfrac{R_w}{r}\right)^{p+1}$ $\times\left[1+\lambda_S\left(\dfrac{\rho}{R_s}\right)^{2p}\right]\cos p\varphi$
转子铁芯 定子铁芯	$\rho < R_w$ 时, $B_r = \dfrac{\mu_0 A}{2}\left(\dfrac{\rho}{R_w}\right)^{p-1}\dfrac{\left[1+\lambda_R\left(\dfrac{R_r}{R_w}\right)^{2p}\right]\left[1+\lambda_S\left(\dfrac{\rho}{R_s}\right)^{2p}\right]}{\left[1-\lambda_R\lambda_S\left(\dfrac{R_r}{R_s}\right)^{2p}\right]}\cos p\varphi$ $\rho > R_w$ 时, $B_r = \dfrac{\mu_0 A}{2}\left(\dfrac{R_w}{\rho}\right)^{p+1}\dfrac{\left[1+\lambda_R\left(\dfrac{R_r}{R_w}\right)^{2p}\right]\left[1+\lambda_S\left(\dfrac{\rho}{R_s}\right)^{2p}\right]}{\left[1-\lambda_R\lambda_S\left(\dfrac{R_r}{R_s}\right)^{2p}\right]}\cos p\varphi$	

其中，λ_R 和 λ_S 分别为定、转子的导磁系数，满足式 (3-13) 和式 (3-14)，其最大值为 1（此时相对磁导率无穷大），最小值为 −1（此时相对磁导率为 0），如图 3-4 所示。

$$\lambda_R = (\mu_r - 1)/(\mu_r + 1) \tag{3-13}$$

$$\lambda_S = (\mu_s - 1)/(\mu_s + 1) \tag{3-14}$$

从表 3-1 可以看出，当仅有定子为铁芯或转子为铁芯时，电机气隙磁密最大增大为完全空芯时的 2 倍 (不考虑饱和)。上述现象可以从磁路角度加以分析，当定子或转子为铁芯时，相对磁导率无穷大，磁阻近似为零，相当于定子或转子磁短路，整个电机磁阻将减半，因此在同样磁势的情况下，气隙磁密将增大为空芯时的 2 倍。相应的，当定、转子全为铁芯时，电机气隙磁密可增大到完全空芯时的 4 倍。

由于脉冲发电机采用空芯结构，磁场发散在电机周围，需要考虑电磁屏蔽。在理想情况下可以认为，被屏蔽的部分完全没有磁场，也就意味着相对磁导率为零。从图 3-4 可以看出，$\lambda = -1$，当机壳采用屏蔽时，代入转子空芯、定子铁芯公式中可以看出，屏蔽削弱了励磁绕组外侧的磁场，越靠近屏蔽，径向磁密越接近零。因此，当设计屏蔽时，要尽量远离励磁绕组，同时还要考虑不能过于增大电机体积。

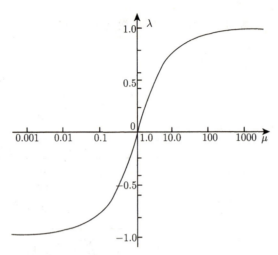

图 3-4 导磁系数与相对磁导率之间的关系

当脉冲发电机采用被动补偿结构时,会在定转子中间增加屏蔽铝筒。由表 3-1 可以看出,被屏蔽的部分完全没有磁场,也就意味着相对磁导率为零。从图 3-4 可以看出,当为理想屏蔽时,$\lambda = -1$,越靠近屏蔽,径向磁密越接近零,磁密只有切向分量,如图 3-5 所示。

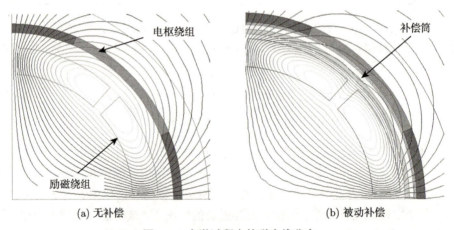

图 3-5 自激过程中的磁力线分布

3.4 脉冲发电机的关键参数计算

对于脉冲发电机而言,最重要的两个参数是电感和耦合系数,直接关系到输出脉冲功率的大小,对电机设计具有重要的意义。根据 3.3 节得到的电机磁场分布规

3.4 脉冲发电机的关键参数计算

律，绕组的电感可采用能量法计算，单位长度的磁能为

$$W_m = \frac{1}{2}\int_l (\boldsymbol{A}\cdot\boldsymbol{K})\,\mathrm{d}l \tag{3-15}$$

则通用绕组自感 L 的表达式为

$$\begin{aligned}L &= \frac{2W_m}{i^2} \\ &= 2p\cdot\frac{1}{i^2}\cdot\int_0^{\frac{\pi}{p}} A_z(\rho)\cdot K\cdot\rho\mathrm{d}\varphi \\ &= 2p\cdot\frac{1}{i^2}\cdot\int_0^{\frac{\pi}{p}} \frac{\mu_0 K_m}{2p}\rho\sin(p\varphi)\cdot K_m\sin(p\varphi)\cdot\rho\mathrm{d}\varphi \\ &= \frac{2\mu_0}{\pi}\frac{(Nk_w)^2}{p}\end{aligned} \tag{3-16}$$

对于空芯脉冲发电机，L 可用于表示励磁绕组自感 L_f、电枢绕组自感 L_a 与补偿绕组的自感 L_c。采用同样的方法，可推导出通用互感 M 的表达式。假设两套绕组的平均半径分别为 r_1 和 r_2，且 r_1 小于 r_2，绕组轴线机械角度夹角为 σ，则 M 的表达式为

$$\begin{aligned}M &= 2p\cdot\frac{1}{i_1 i_2}\cdot\int_0^{\frac{\pi}{p}} A_z(r_1)\cdot K_2\cdot r_1\mathrm{d}\varphi \\ &= 2p\cdot\frac{1}{i_1 i_2}\cdot\int_0^{\frac{\pi}{p_0}} \frac{\mu_0 K_{m1}}{2p_0}r_1\left(\frac{r_1}{r_2}\right)^{p_0-1}\sin(p_0\varphi)\cdot K_{m2}\sin(p(\varphi-\sigma))\cdot r_1\mathrm{d}\varphi \\ &= \frac{2\mu_0}{\pi}\frac{(N_1 k_{w1})(N_2 k_{w2})}{p}\left(\frac{r_1}{r_2}\right)^{p_0}\cos(p\sigma)\end{aligned} \tag{3-17}$$

M 可用于表示电枢绕组与励磁绕组互感 M_af，电枢绕组与补偿绕组互感 M_ac，以及补偿绕组与励磁绕组互感 M_cf。

耦合系数是脉冲发电机的关键参数之一，当定、转子绕组轴线夹角 σ 为 0 时，通用耦合系数 k 最大，表达式为

$$k = \frac{M_{12}}{\sqrt{L_1 L_2}} = \left(\frac{r_1}{r_2}\right)^p \tag{3-18}$$

为了获得更低的电枢绕组等效电感和更快的自激过程，脉冲发电机设计要求电枢绕组与补偿绕组及励磁绕组的耦合系数应尽可能大，因此，仅从理论考虑，励磁绕组和补偿绕组应尽可能地靠近电枢绕组，电机的极数越小越好，但在实际应用中，还需要综合考虑结构强度与制造工艺等限制因素。

当电机不全为空芯结构时，根据 3.3 节表 3-1 的磁密分布规律，此时电感计算只需乘以相应系数即可。

特别地，当机壳采用电磁屏蔽时，根据 3.3 节规律可以得到电枢绕组电感的表达式为

$$L_{\mathrm{asd}} = \frac{2\mu_0}{\pi} \frac{(N_{\mathrm{a}} k_{\mathrm{wa}})^2}{p} \left[1 - \left(\frac{r_{\mathrm{a}}}{r_{\mathrm{sd}}} \right)^{2p} \right] \tag{3-19}$$

式中，r_{a} 为电枢绕组处平均半径；r_{sd} 为机壳半径。

由公式可以得到，屏蔽使得电枢绕组电感降低。同样也可以得到 N_{a} 匝电枢绕组和 N_{f} 匝励磁绕组的互感表达式：

$$M_{\mathrm{afsd}} = \frac{2\mu_0}{\pi} \frac{(N_{\mathrm{a}} k_{\mathrm{wa}})(N_{\mathrm{f}} k_{\mathrm{wf}})}{p} \left(\frac{r_{\mathrm{a}}}{r_{\mathrm{f}}} \right)^p \left[1 - \left(\frac{r_{\mathrm{a}}}{r_{\mathrm{sd}}} \right)^{2p} \right] \tag{3-20}$$

式中，r_{f} 为励磁绕组位置处的平均半径；k_{wa} 为电枢绕组的基波系数；k_{wf} 为励磁绕组的基波系数。

由上式可以得到，屏蔽使得电枢绕组和励磁绕组之间的互感降低。从上述分析可以看出，电磁屏蔽层为脉冲发电机提供了有效屏蔽的同时，屏蔽层涡流磁场的反作用也改变了电机内的磁场分布，一方面降低了电枢绕组的自感，有利于提高电机输出功率；但另一方面，电枢绕组与励磁绕组互感的降低也影响了电动势系数，使单位励磁电流产生的电枢感应电压降低，从而降低了电机输出电压，延缓了自激励磁过程，降低了电机的功率和效率。

3.5 脉冲发电机的放电特性分析

3.5.1 脉冲发电机放电过程的分析

脉冲发电机对负载放电过程（负载极小），可以参考传统电机突然短路过程。根据同步发电机三相突然短路的相关理论，短路过程遵循如下公式：

$$\begin{aligned} i \approx i_\sim + i_= &= E_m \left[\frac{1}{X} + \left(\frac{1}{X'} - \frac{1}{X} \right) \mathrm{e}^{-\frac{t}{T'}} + \left(\frac{1}{X''} - \frac{1}{X'} \right) \mathrm{e}^{-\frac{t}{T''}} \right] \cos(\omega t + \theta_0) \\ &\quad - \frac{E_m}{X''} \cos\theta_0 \mathrm{e}^{-\frac{t}{T_a}} \end{aligned} \tag{3-21}$$

其中，短路电流 i 中既有周期分量 $i_\sim$ 也有非周期的直流衰减分量 $i_=$，非周期直流分量是否存在，取决于短路时转子的初始角。脉冲发电机驱动电磁武器负载时，一般需要平滑的波形，因此不希望直流衰减电流的存在。此外，为了得到上升时间快的电流波形，触发角选择在 90°，此时可以消除非周期分量。

脉冲发电机放电过程中，电流峰值是需要重点关注的量。由于负载一般为纯感性，电流变化滞后电压 90°，因此经过 1/4 个周期，即有最大电流，由于时间较短，

3.5 脉冲发电机的放电特性分析

指数衰减项近似为 1，放电电流峰值的近似计算公式为

$$i_m \approx \frac{E_m}{\omega\left(1-k^2\right)L_\mathrm{a}+\omega L_x} \tag{3-22}$$

上述公式只能近似描述脉冲发电机的放电过程。从严格意义上讲，脉冲发电机放电是一个不对称突然短路过程，而且还有补偿结构的存在，因此需要修正同步电机对称短路的理论。现将脉冲发电机分为有补偿结构和无补偿结构两类，分别进行分析。

1. 有补偿结构

有补偿结构时，无论是哪种结构——主动补偿、被动补偿、选择被动补偿，一般都有交轴补偿部分，而励磁绕组相当于直轴补偿。因此，补偿结构的存在使得电机同时存在直轴补偿和交轴补偿。

当脉冲发电机放电时，补偿结构一方面能降低电枢绕组电感，另一方面能屏蔽放电电流产生的磁场，避免励磁绕组暴露在强磁场下。励磁绕组暴露在放电强磁场下，会产生很大的损耗，同时会使得电枢绕组感应出过电压，对电机绝缘和开关器件造成影响。放电过程中，放电电压基本不变，放电电流可以用式 (3-22) 表达。由于负载阻抗和电枢瞬态阻抗不断变化，不同脉冲下的电流最大值不同。

2. 无补偿结构

在这种模式下，电机没有补偿结构，励磁绕组起建立磁场和直轴补偿的作用。由于没有补偿结构，放电磁场会穿透励磁绕组，电枢绕组会感应出高压，进而影响下一个放电过程。因此，放电过程不能简单地按照三相对称短路来阐述。

此时，放电过程可以分为两个阶段，以两相正交脉冲发电机为例进行分析。

阶段 1：

为了消除放电电流中的非周期分量，脉冲发电机一般在电压为 90° 时触发放电，如图 3-6(a) 所示。经过 1/4 周期，转子转到如图 3-6(b) 所示位置，A 相电压为 0，B 相电压达到最大，负载纯感性，电流滞后电压 90°，A 相电流达到峰值 I_m，电流峰值可以根据式 (3-22) 计算得到。此时，A 相绕组与励磁绕组间的互感 M_af 达到最大。

$$L_\mathrm{f}\Delta i_\mathrm{f} = M_\mathrm{af} i \tag{3-23}$$

根据回路磁通守恒定理，如式 (3-23) 所示，则有 Δi_f 达到最大，因为 AB 相正交，励磁绕组与 B 相铰链的磁通没有受到 A 相去磁磁通的影响，所以 B 相磁密增加，反电势增加为 $\dfrac{\Delta i_\mathrm{f} + i_\mathrm{f}}{i_\mathrm{f}} E_m$。

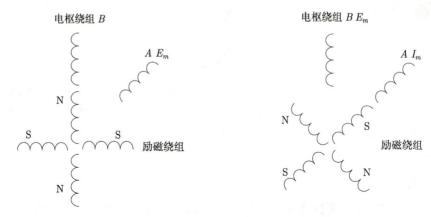

(a) 电压峰值时绕组位置关系　　　　(b) 电流峰值时绕组位置关系

图 3-6　放电过程中绕组位置变化

阶段 2：

再经过 1/4 周期，B 相转子转过 90° 电角度，B 相电流到达其峰值，由于在上一阶段 B 相触发放点时，B 相电压增到 $\dfrac{\Delta i_\mathrm{f} + i_\mathrm{f}}{i_\mathrm{f}} E_m$，因此 B 相电流峰值也以相应倍数增加，达到 $\dfrac{\Delta i_\mathrm{f} + i_\mathrm{f}}{i_\mathrm{f}} I_m$。

上述过程会不断重复，为了研究放电过程中电枢电压和放电电流的变化趋势，下面列出了每个脉冲满足的方程：

第一个脉冲：

$$i_1 = \frac{E_m}{\omega(1-k^2)L_a + \omega L_x} \tag{3-24}$$

$$L_\mathrm{f} \Delta i_\mathrm{f1} = M_m i_1 \tag{3-25}$$

第二个脉冲：

$$i_2 = \frac{\Delta i_\mathrm{f1} + i_\mathrm{f}}{i_\mathrm{f}} i_1 = i_1 + \frac{M_\mathrm{af}}{L_\mathrm{f} i_\mathrm{f}} i_1^2 \tag{3-26}$$

$$L_\mathrm{f} \Delta i_\mathrm{f2} = M_m i_2 \tag{3-27}$$

第三个脉冲：

$$i_2 = \frac{\Delta i_\mathrm{f2} + i_\mathrm{f}}{i_\mathrm{f}} i_1 = i_1 + \frac{M_\mathrm{af}}{L_\mathrm{f} i_\mathrm{f}} i_1^2 + \frac{M_\mathrm{af}^2}{L_\mathrm{f}^2 i_\mathrm{f}^2} i_1^3 \tag{3-28}$$

$$L_\mathrm{f} \Delta i_\mathrm{f3} = M_m i_3 \tag{3-29}$$

以此类推，第 n 个脉冲：

$$i_n = \frac{\Delta i_{\mathrm{f}n} + i_\mathrm{f}}{i_\mathrm{f}} i_1 = i_1 + \frac{M_m}{L_\mathrm{f} i_\mathrm{f}} i_1^2 + \frac{M_m^2}{L_\mathrm{f}^2 i_\mathrm{f}^2} i_1^3 + \cdots + \frac{M_m^{n-1}}{L_\mathrm{f}^{n-1} i_\mathrm{f}^{n-1}} i_1^n \tag{3-30}$$

式 (3-30) 满足等比数列求和关系，等比 $q = \dfrac{M_m}{L_\mathrm{f} i_\mathrm{f}} i_1$，所以有

3.5 脉冲发电机的放电特性分析

$$i_n = \frac{i_1(1-q^n)}{1-q} \tag{3-31}$$

如果 q 小于 1，则会在几个脉冲之后，电枢电压和放电电流峰值不再增加，放电过程趋于稳定。

无补偿脉冲发电机放电时，电枢绕组电压和放电电流会越来越大，对绝缘和开关器件造成影响，但对高压应用和脉冲电流波形调节有积极作用。

1) 高压应用

相比于电容，脉冲电源是一个低压大电流的脉冲电源，适合于驱动需要低压大电流的轨道炮负载。激光器和微波发生器需要高压，传统的补偿脉冲发电机不适合驱动这类负载。根据上述原理，脉冲发电机中不采用补偿结构，使得放电磁场能穿透励磁绕组，电枢绕组上感应出高压，则可以驱动这类负载。

2) 脉冲电流波形调节

脉冲发电机驱动轨道炮负载时，由于负载阻抗和反电势不断增加，放电电流逐渐衰减，弹丸加速度逐渐降低，轨道炮发射加速比较低。为了获得更为平顶的放电电流，传统方法是通过不同形式的补偿结构或者在脉冲发电机中串联旋转磁通压缩器，通过调节电源内阻抗，平衡不断增加的负载阻抗，使得电路中总阻抗近似不变，以此获得较为平顶的放电电流。

本节中研究的无补偿脉冲发电机——电枢电压逐渐增加的放电特性，可以抵抗负载阻抗和反电势逐渐增加的影响。经详细的计算和设计，当脉冲发电机的电枢电压和负载反电势之差正比于负载阻抗时，可以保证放电电流为平顶波，弹丸可获得较好的加速比。

3.5.2 影响脉冲发电机放电电流因素的分析

脉冲发电机的补偿形式分为主动补偿、被动补偿和选择被动补偿。以结构简单、放电电流波形接近正弦、适用面广的被动补偿脉冲发电机为例，利用电路理论来分析影响脉冲发电机放电电流的因素。

他励转场式被动补偿脉冲发电机驱动阻性负载的简化电路模型如图 3-7 所示。

放电时，补偿筒所处空间磁场发生变化，在补偿筒内感应的电势会产生涡流，因此可将补偿筒简化为一个电阻和电感相串联的回路。放电回路和补偿回路采用发电机惯例，励磁回路采用电动机惯例。放电回路、补偿回路和励磁回路的电路方程为

$$\begin{cases} E_a = L_a \dfrac{di_a}{dt} + M_{ac} \dfrac{di_c}{dt} + M_{af} \dfrac{di_f}{dt} - R_a i_a - R_l i_a \\ 0 = L_c \dfrac{di_c}{dt} + M_{ca} \dfrac{di_a}{dt} + M_{cf} \dfrac{di_f}{dt} - R_c i_c \\ V_{DC} = L_f \dfrac{di_f}{dt} + M_{fa} \dfrac{di_a}{dt} + M_{fc} \dfrac{di_c}{dt} + R_f i_f \end{cases} \tag{3-32}$$

式中，E_a 为脉冲发电机的输出电压；V_{DC} 为直流励磁电压；i_f 为励磁电流；i_a 为电枢绕组的放电电流；i_c 为补偿筒内的感应涡流；R_l 为脉冲负载的电阻；L_a、R_a 分别为电枢绕组的自感和电阻；L_f、R_f 分别为励磁绕组的自感和电阻；L_c、R_c 分别为补偿筒的等效自感和等效电阻；M_{ac}、M_{ca} 为放电回路和补偿回路的互感；M_{af}、M_{fa} 为放电回路和励磁回路的互感；M_{cf}、M_{fc} 为励磁回路和补偿回路的互感。

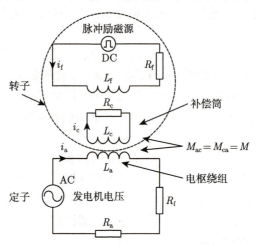

图 3-7 他励转场式被动补偿脉冲发电机驱动阻性负载的简化电路模型

如采用直流脉冲源励磁，di_f/dt 等于零，可忽略励磁回路对放电回路和补偿回路的影响。此处分析补偿元件对放电电流的影响，因此不考虑放电时电枢绕组和补偿回路对励磁绕组产生的影响。在补偿脉冲发电机中，电枢绕组的内阻和补偿回路的等效电阻通常为毫欧级以下，可以忽略。同时忽略脉冲负载的电阻，式 (3-32) 中放电回路和补偿回路的回路方程可以简化为

$$\begin{cases} E_a = L_a \dfrac{di_a}{dt} + M_{ac} \dfrac{di_c}{dt} \\ 0 = L_a \dfrac{di_a}{dt} + M_{ac} \dfrac{di_c}{dt} \end{cases} \tag{3-33}$$

式中，放电回路互感 M_{ac}、M_{ca} 相等，记为 M。解得脉冲发电机输出脉冲电流随时间的变化率为

$$\dfrac{di_a}{dt} = \dfrac{E_a}{L_a - \dfrac{M^2}{L_c}} \tag{3-34}$$

根据耦合系数的定义，放电回路和补偿回路的耦合系数 k 为

$$k = \dfrac{M}{\sqrt{L_a L_c}} \tag{3-35}$$

3.5 脉冲发电机的放电特性分析

式 (3-34) 可进一步写为

$$\frac{\mathrm{d}i_\mathrm{a}}{\mathrm{d}t} = \frac{E_\mathrm{a}}{L_\mathrm{a}(1-k^2)} \tag{3-36}$$

若考虑转速的变化，脉冲发电机输出反电势的瞬时值为

$$E_\mathrm{a} = \frac{E_m n}{n_0} \sin \omega t \tag{3-37}$$

式中，E_m 为脉冲发电机电枢绕组反电势的峰值，$E_m = \dfrac{Np\Phi n_0}{30\alpha_p}$；$N$ 为每极导体的匝数；p 为极对数；Φ 为每极的总磁通量；n_0 为额定转速；α_p 为极弧系数。

空芯脉冲发电机由于内部无导磁材料，每极总磁通量 Φ 与励磁电流 i_f 成正比，为

$$\Phi = K_\mathrm{f} i_\mathrm{f} \tag{3-38}$$

将式 (3-38) 代入式 (3-37)，并将转子转速 n 转换为旋转角速度 ω，得

$$E_m = \beta \omega i_\mathrm{f} \tag{3-39}$$

式中，β 为发电机常数；ω 为旋转角速度。

为了满足负载的要求，就要使得脉冲发电机输出的脉冲电流随时间的变化率 $\mathrm{d}i_\mathrm{a}/\mathrm{d}t$ 尽可能大。由式 (3-36) 可知，为了提高放电电流变化率 $\mathrm{d}i_\mathrm{a}/\mathrm{d}t$，需要提高发电机的空载反电势峰值 E_m，降低电枢绕组的电感 L_a，同时要增加电枢绕组和补偿绕组 (补偿筒) 的耦合系数 k。

在电机尺寸一定的情况下，提高发电机的空载反电势 E_a，主要是通过提高转速 n，气隙磁密 B 和绕组的匝数 N，而匝数的提高会极大地增加绕组的电感，因此主要采用提高转速和增大磁密的方法。通过高强度的材料克服高转速所产生的离心力，并借助高转速轴承可以提高转速。针对空芯补偿脉冲发电机，主要是通过自激励磁来建立所需的强磁场，提高气隙磁密。

3.5.3 空芯脉冲发电机自激建立条件的分析

对于常规铁磁材料电机，通常不采用自激励磁，因为过大的励磁电流极易烧毁电机绕组，同时有易过饱和和控制复杂的缺点。空芯脉冲发电机内部的定、转子轭由非导磁的纤维环氧树脂类复合材料制成，建立电机所需的磁场需要比铁芯机高数倍的磁动势。空芯脉冲发电机由于不存在饱和现象，自激过程时间短，因此可以采用自激，补偿脉冲发电机自激电路接线图如图 3-8 所示。工作时，给励磁绕组注入小的种子电流，将电枢绕组的输出电压整流后，经电刷滑环接到励磁转子上，通过正反馈过程获得所需的大励磁电流。正反馈的过程不是在任何情况下都可以建立的，只有在满足一定条件的情况下才可以成功自激，自激成功与否直接关系到电机的设计是否成功，因此必须要研究自激成功的条件，来指导脉冲发电机的设计。

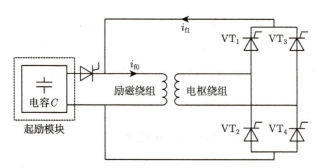

图 3-8 补偿脉冲发电机自激电路接线图

励磁回馈回路的电路方程为

$$L_f \frac{di_f}{dt} + R_f i_f = E_c \tag{3-40}$$

式中，E_c 为电枢反电势整流后的直流电压，忽略电枢绕组内阻 R_a，$E_c = c\omega i_f$；c 为整流后的输出电压与电枢反电势有效值的比值。

解得自激电流 i_f：

$$i_f = I_0 e^{\left(\frac{c\omega - R_f}{L_f}\right)t} \tag{3-41}$$

式中，I_0 为起励电容提供给励磁绕组的种子电流。

成功自激的条件是自激反馈回来的电流 i_{f1} 大于励磁电流 i_{f0}，为

$$i_{f1} > i_{f0} = I_0 \tag{3-42}$$

i_{f1}，i_{f0} 如图 3-8 所示。满足自激成功的条件是

$$c\omega > R_f \tag{3-43}$$

同时若考虑电枢反应，通过简化模型，可导出自激成功的条件：

$$\omega M > 1.57(R_a + R_f) \tag{3-44}$$

式中，M 为电枢绕组和励磁绕组互感的最大值。

电机设计时，需利用公式 (3-44) 校验自激条件是否成立。因此，对于空芯脉冲发电机的电磁设计目标可以归结为高转速、高互感、低内阻。高转速不仅可以提高电机的储能密度和功率密度，还有助于实现自激。设计时，在保证结构强度和绝缘强度的情况下，减小电枢绕组和励磁绕组的径向距离，增加电枢绕组和励磁绕组之间的电磁耦合，既有助于实现自激，又可以提高电机的效率。低内阻可使电机绕组的铜耗变小，电机效率提高，同时保证了输出电流高峰值的需求。空芯脉冲发电机自激回路采用全桥整流结构，以获得更大的 c 值，加速自激建立。

在传统的铁芯脉冲发电机中,也有采用自激励磁的。由于铁芯机的饱和特性,随着自激电流的增加,电机饱和程度增加,电枢绕组的电压增加也趋向饱和,并最终与励磁绕组两端电压相等,自动达到自激终点。而空芯机的自激和铁芯机不同,由于内部的材料为线性材料,只要励磁电流增加,电枢绕组电压就会按比例增加,因此必须人为控制自激的终点。在达到所需的电枢绕组电压后,通过整流器相控使励磁电流保持一段恒定的时间,放电完成后,将电枢绕组中剩余的能量再通过控制整流器回馈给励磁绕组,加速电机转子。空芯补偿脉冲发电机自激放电流程如图3-9 所示。

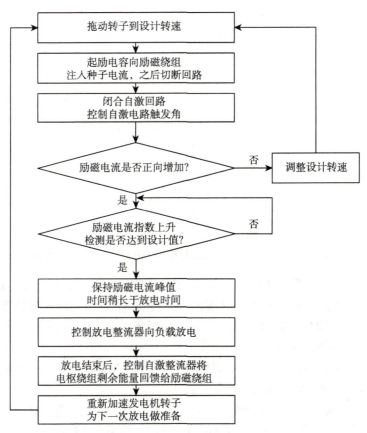

图 3-9 空芯补偿脉冲发电机自激放电流程图

3.6 脉冲发电机数学模型

脉冲发电机的放电过程极其复杂,除了要考虑发电机瞬时短路对电机的影响,还需要考虑电机惯性旋转时转速的变化对放电过程的影响。3.5 节对脉冲发电机放电过程的研究仅描述出了电流峰值，忽略了转速和负载变化的影响。为了更加准确地描述放电电流，需要建立脉冲发电机的数学模型。

3.6.1 相坐标系下空芯脉冲发电机的数学模型

参考同步电机的数学模型，以一台较为复杂的、带有交轴补偿绕组的四相空芯补偿脉冲发电机为例，如图 3-10 所示，建立空芯脉冲发电机的数学模型。

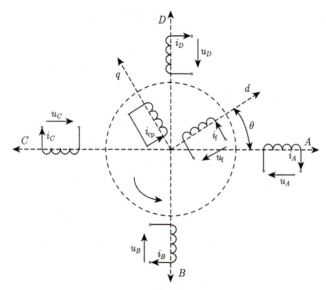

图 3-10 带有交轴补偿绕组的四相空芯补偿脉冲发电机示意图

空芯脉冲发电机为旋转磁场结构，定子四相电枢绕组互差为 90° 电角度，转子上设有自行短路的交轴补偿绕组，与励磁绕组正交。由于纤维环氧树脂类复合材料无磁饱和特性，因此电机的磁路为线性，满足理想电机的假设条件，为得出空芯脉冲发电机内部的基本电磁关系，还需作如下假设：

(1) 忽略磁场的高次谐波，认为气隙磁场在空间呈正弦分布。当需要考虑谐波磁场时，可引入谐波漏抗来近似计及其影响。

(2) 暂不考虑定子外电磁屏蔽层对电机内部电磁关系的影响。当需考虑屏蔽效应时，仅需将其等效为定子外两套静止的正交短路绕组，状态方程中增加两个状态变量。

数学模型中电压、电流、磁链及转矩的正方向规定如下：

(1) 定子电枢绕组采用发电机惯例，以输出电流的方向为电流正方向，各相绕组流过正向电流产生负值磁链。

(2) 转子励磁绕组和交轴补偿绕组采用电动机惯例，以输入电流的方向为电流正方向，流过正向电流时，产生正值磁链。

3.6 脉冲发电机数学模型

在上述正方向的规定下,以矩阵形式可写出四相空芯脉冲发电机的磁链方程:

$$\begin{pmatrix} \boldsymbol{\Psi}_s \\ \boldsymbol{\Psi}_r \end{pmatrix} = \begin{pmatrix} \boldsymbol{L}_s & \boldsymbol{M}_{sr} \\ \boldsymbol{M}_{rs} & \boldsymbol{L}_r \end{pmatrix} \begin{pmatrix} -\boldsymbol{i}_s \\ \boldsymbol{i}_r \end{pmatrix} \tag{3-45}$$

式中,$\boldsymbol{\Psi}_s$ 和 $\boldsymbol{\Psi}_r$ 分别表示定子和转子的磁链矩阵,即

$$\boldsymbol{\Psi}_s = \begin{pmatrix} \psi_A & \psi_B & \psi_C & \psi_D \end{pmatrix}^T, \quad \boldsymbol{\Psi}_r = \begin{pmatrix} \psi_f & \psi_{cp} \end{pmatrix}^T \tag{3-46}$$

$\boldsymbol{i}_s$ 和 $\boldsymbol{i}_r$ 分别表示定子和转子的电流矩阵,即

$$\boldsymbol{i}_s = \begin{pmatrix} i_A & i_B & i_C & i_D \end{pmatrix}^T, \quad \boldsymbol{i}_r = \begin{pmatrix} i_f & i_{cp} \end{pmatrix}^T \tag{3-47}$$

$\boldsymbol{L}_s$ 和 $\boldsymbol{L}_r$ 分别表示定子和转子绕组的自感矩阵,且满足:

$$\boldsymbol{L}_s = \begin{pmatrix} L_{AA} & M_{AB} & M_{AC} & M_{AD} \\ M_{BA} & L_{BB} & M_{BC} & M_{BD} \\ M_{CA} & M_{CB} & L_{CC} & M_{CD} \\ M_{DA} & M_{DB} & M_{DC} & L_{DD} \end{pmatrix} = \begin{pmatrix} L_p & 0 & -M_p & 0 \\ 0 & L_p & 0 & -M_p \\ -M_p & 0 & L_p & 0 \\ 0 & -M_p & 0 & L_p \end{pmatrix} \tag{3-48}$$

$$\boldsymbol{L}_r = \begin{pmatrix} L_f & M_{fcp} \\ M_{cpf} & L_{cp} \end{pmatrix} = \begin{pmatrix} L_f & 0 \\ 0 & L_{cp} \end{pmatrix} \tag{3-49}$$

式中,L_p 为定子每相绕组的自感;M_p 为定子 A 相与 C 相,B 相与 D 相之间的互感;L_f 为转子励磁绕组的自感;L_{cp} 为转子补偿绕组的自感。

$\boldsymbol{M}_{sr}$ 和 $\boldsymbol{M}_{rs}$ 分别表示定子绕组与转子绕组之间的互感矩阵,且满足:

$$\boldsymbol{M}_{sr} = \boldsymbol{M}_{rs}^T = \begin{pmatrix} M_{Af} & M_{Acp} \\ M_{Bf} & M_{Bcp} \\ M_{Cf} & M_{Ccp} \\ M_{Df} & M_{Dcp} \end{pmatrix} = \begin{pmatrix} M_{fm}\cos\theta & -M_{cpm}\sin\theta \\ -M_{fm}\sin\theta & -M_{cpm}\cos\theta \\ -M_{fm}\cos\theta & M_{cpm}\sin\theta \\ M_{fm}\sin\theta & M_{cpm}\cos\theta \end{pmatrix} \tag{3-50}$$

式中,M_{fm} 为定子每相绕组与转子励磁绕组之间的互感;M_{cpm} 为定子每相绕组与补偿绕组之间的互感;θ 为以电角度表示的转子励磁绕组与定子 A 相轴线夹角。

由基尔霍夫第二定律,按照规定的正方向,可列出四相空芯脉冲发电机的电压方程,其矩阵形式为

$$\begin{pmatrix} \boldsymbol{u}_s \\ \boldsymbol{u}_r \end{pmatrix} = p \begin{pmatrix} \boldsymbol{\Psi}_s \\ \boldsymbol{\Psi}_r \end{pmatrix} + \begin{pmatrix} \boldsymbol{R}_s & \boldsymbol{O} \\ \boldsymbol{O} & \boldsymbol{R}_r \end{pmatrix} \begin{pmatrix} -\boldsymbol{i}_s \\ \boldsymbol{i}_r \end{pmatrix} \tag{3-51}$$

式中，p 为时间微分算子，$p = \dfrac{d}{dt}$；$\boldsymbol{u}_s$ 和 $\boldsymbol{u}_r$ 分别表示定子和转子的电压矩阵，即

$$\boldsymbol{u}_s = \begin{pmatrix} u_A & u_B & u_C & u_D \end{pmatrix}^T, \quad \boldsymbol{u}_r = \begin{pmatrix} u_f & u_{cp} \end{pmatrix}^T = \begin{pmatrix} u_f & 0 \end{pmatrix}^T \tag{3-52}$$

$\boldsymbol{R}_s$ 和 $\boldsymbol{R}_r$ 分别表示定子绕组和转子绕组的电阻矩阵，即

$$\boldsymbol{R}_s = \mathrm{diag}\begin{pmatrix} R_p & R_p & R_p & R_p \end{pmatrix}, \quad \boldsymbol{R}_r = \mathrm{diag}\begin{pmatrix} R_f & R_{cp} \end{pmatrix} \tag{3-53}$$

根据虚位移法，四相空芯脉冲发电机的电磁转矩 T_e 以矩阵形式表示为

$$T_e = -\dfrac{p_0}{2}\begin{pmatrix} -\boldsymbol{i}_s & \boldsymbol{i}_r \end{pmatrix} \dfrac{\partial \begin{pmatrix} \boldsymbol{L}_s & \boldsymbol{M}_{sr} \\ \boldsymbol{M}_{rs} & \boldsymbol{L}_r \end{pmatrix}}{\partial \theta} \begin{pmatrix} -\boldsymbol{i}_s \\ \boldsymbol{i}_r \end{pmatrix} \tag{3-54}$$

将电感表达式代入上式，经过化简可得

$$\begin{aligned} T_e = & p_0 M_{fm} i_f \left[(i_A - i_C)\sin\theta + (i_D - i_B)\cos\theta \right] \\ & - p_0 M_{cpm} i_{cp} \left[(i_A - i_C)\cos\theta + (i_D - i_B)\sin\theta \right] \end{aligned} \tag{3-55}$$

根据牛顿第二定律，脉冲发电机的转矩方程为

$$T_1 = T_e + T_0 + J\dfrac{d\Omega}{dt} \tag{3-56}$$

式中，T_1 为原动机的驱动转矩，放电运行前原动机与脉冲发电机脱离，脉冲发电机依靠惯性继续旋转，此时驱动转矩为 0；T_0 为空载阻力转矩；J 为脉冲发电机的转动惯量；Ω 为转子的机械角速度。

3.6.2 交直轴坐标系下空芯脉冲发电机的数学模型

由 3.6.1 节可知，在相坐标系下四相空芯脉冲发电机定、转子绕组间的互感都是 θ 角的函数，因此磁链方程和电压方程是含有时变系数的微分方程，难以获得解析解，即使利用计算机建立类比方块图的电路仿真模型，系统也较为复杂。为使磁链方程和电压方程变成线性常系数微分方程，参考三相同步发电机的派克变换，对四相空芯脉冲发电机进行 dqg0 变换。

转子励磁绕组与补偿绕组正交，且与转子同步旋转，因此转子电流无须变换，四相空芯脉冲发电机的 dqg0 变换仅针对定子电枢绕组。如图 3-10 所示，把定子四相电流分别投影到与转子一同旋转的 d 轴和 q 轴，则定子电流变换矩阵为

$$\boldsymbol{i}_s = \boldsymbol{C}_{dqg0}\boldsymbol{i}'_s \text{ 或 } \boldsymbol{i}'_s = \boldsymbol{C}_{dqg0}^{-1}\boldsymbol{i}_s \tag{3-57}$$

3.6 脉冲发电机数学模型

式中，i'_s 为 dqg0 变换后定子电流矩阵，$i'_s = \begin{pmatrix} i_d & i_q & i_g & i_0 \end{pmatrix}^T$；$C_{dqg0}$ 为坐标变换矩阵，且满足：

$$C_{dqg0} = \begin{pmatrix} \dfrac{\cos\theta}{2} & -\dfrac{\sin\theta}{2} & 1 & 1 \\ -\dfrac{\sin\theta}{2} & -\dfrac{\cos\theta}{2} & -1 & 1 \\ -\dfrac{\cos\theta}{2} & \dfrac{\sin\theta}{2} & 1 & 1 \\ \dfrac{\sin\theta}{2} & \dfrac{\cos\theta}{2} & -1 & 1 \end{pmatrix}, \quad C_{dqg0}^{-1} = \begin{pmatrix} \cos\theta & -\sin\theta & -\cos\theta & \sin\theta \\ -\sin\theta & -\cos\theta & \sin\theta & \cos\theta \\ \dfrac{1}{4} & -\dfrac{1}{4} & \dfrac{1}{4} & -\dfrac{1}{4} \\ \dfrac{1}{4} & \dfrac{1}{4} & \dfrac{1}{4} & \dfrac{1}{4} \end{pmatrix}$$

(3-58)

在变换中，g 轴和 0 轴分别称为半零轴和零轴。经过 dqg0 变换后，四相空芯脉冲发电机的磁链方程为

$$\begin{pmatrix} \boldsymbol{\Psi}'_s \\ \boldsymbol{\Psi}'_r \end{pmatrix} = \begin{pmatrix} C_{dqg0}^{-1} & \boldsymbol{O} \\ \boldsymbol{O} & \boldsymbol{I} \end{pmatrix} \begin{pmatrix} \boldsymbol{L}_s & \boldsymbol{M}_{sr} \\ \boldsymbol{M}_{rs} & \boldsymbol{L}_r \end{pmatrix} \begin{pmatrix} C_{dqg0} & \boldsymbol{O} \\ \boldsymbol{O} & \boldsymbol{I} \end{pmatrix} \begin{pmatrix} -i'_s \\ i_r \end{pmatrix}$$

$$= \begin{pmatrix} \boldsymbol{L}'_s & \boldsymbol{M}'_{sr} \\ \boldsymbol{M}'_{rs} & \boldsymbol{L}'_r \end{pmatrix} \begin{pmatrix} -i'_s \\ i_r \end{pmatrix} \quad (3\text{-}59)$$

代入式 (3-48)～式 (3-50) 和式 (3-58) 后，把式 (3-59) 展开为

$$\begin{pmatrix} \psi_A \\ \psi_B \\ \psi_C \\ \psi_D \\ \text{---} \\ \psi_f \\ \psi_{cp} \end{pmatrix} = \left(\begin{array}{cccc|cc} L_s & 0 & 0 & 0 & 2M_{fm} & 0 \\ 0 & L_s & 0 & 0 & 0 & 2M_{cpm} \\ 0 & 0 & L_o & 0 & 0 & 0 \\ 0 & 0 & 0 & L_o & 0 & 0 \\ \hline M_{fm} & 0 & 0 & 0 & L_f & 0 \\ 0 & M_{cpm} & 0 & 0 & 0 & L_{cp} \end{array} \right) \begin{pmatrix} -i_d \\ -i_q \\ -i_g \\ -i_0 \\ \text{---} \\ i_f \\ i_{cp} \end{pmatrix} \quad (3\text{-}60)$$

式中，$L_s = L_p + M_p$，$L_o = L_p - M_p$。

对式 (3-51) 的定子电压方程进行 dqg0 变换，转子的电压方程保持不变，变换后四相空芯脉冲发电机的电压方程可表示为

$$\begin{pmatrix} \boldsymbol{u}'_s \\ \boldsymbol{u}_r \end{pmatrix} = \mathrm{p} \begin{pmatrix} \boldsymbol{\Psi}'_s \\ \boldsymbol{\Psi}_r \end{pmatrix} + \begin{pmatrix} \boldsymbol{\gamma}'_s \omega_r \boldsymbol{\Psi}'_s \\ \boldsymbol{O} \end{pmatrix} + \begin{pmatrix} \boldsymbol{R}'_s & \boldsymbol{O} \\ \boldsymbol{O} & \boldsymbol{R}_r \end{pmatrix} \begin{pmatrix} -i'_s \\ i_r \end{pmatrix}$$

$$= \left[\begin{pmatrix} \boldsymbol{L}'_s & \boldsymbol{M}'_{sr} \\ \boldsymbol{M}'_{rs} & \boldsymbol{L}'_r \end{pmatrix} \mathrm{p} + \begin{pmatrix} \boldsymbol{\gamma}'_s & \boldsymbol{O} \\ \boldsymbol{O} & \boldsymbol{O} \end{pmatrix} \begin{pmatrix} \boldsymbol{L}'_s & \boldsymbol{M}'_{sr} \\ \boldsymbol{M}'_{rs} & \boldsymbol{L}'_r \end{pmatrix} \omega_r + \begin{pmatrix} \boldsymbol{R}'_s & \boldsymbol{O} \\ \boldsymbol{O} & \boldsymbol{R}_r \end{pmatrix} \right]$$

$$\begin{pmatrix} -i'_s \\ i_r \end{pmatrix} \quad (3\text{-}61)$$

式中，$\gamma'_s = C_{dqg0}^{-1} \dfrac{\partial C_{dqg0}}{d\theta} = \begin{pmatrix} 0 & -1 & 0 & 0 \\ 1 & 0 & 0 & 0 \\ \hline 0 & 0 & 0 & 0 \\ 0 & 0 & 0 & 0 \end{pmatrix}$；$\omega_r$ 为用电角度表示时的转子角速度，$\omega_r = p_0 \Omega$；R'_s 为变换后的电阻矩阵，$R'_s = C_{dqg0}^{-1} R_s C_{dqg0} = R_s$；将式 (3-61) 展开可得电压方程：

$$\begin{pmatrix} u_d \\ u_q \\ u_g \\ u_0 \\ \hline u_f \\ 0 \end{pmatrix} = \begin{pmatrix} R_p + L_s p & -L_s \omega_r & 0 & 0 & 2M_{fm} p & -2M_{cpm} \omega_r \\ L_s \omega_r & R_p + L_s p & 0 & 0 & 2M_{fm} \omega_r & 2M_{cpm} p \\ 0 & 0 & R_p + L_o p & 0 & 0 & 0 \\ 0 & 0 & 0 & R_p + L_o p & 0 & 0 \\ \hline M_{fm} p & 0 & 0 & 0 & R_f + L_f p & 0 \\ 0 & M_{cpm} p & 0 & 0 & 0 & R_{cp} + L_{cp} p \end{pmatrix} \cdot \begin{pmatrix} -i_d \\ -i_q \\ -i_g \\ -i_0 \\ \hline i_f \\ i_{cp} \end{pmatrix} \quad (3\text{-}62)$$

将式 (3-55) 用 i_d、i_q 代替，可得变换后电磁转矩表达式：

$$T_e = p_0 \left(M_{fm} i_f i_q - M_{cpm} i_{cp} i_d \right) \tag{3-63}$$

根据上述分析和推导，将式 (3-62)、式 (3-63) 和式 (3-56) 整理在一起，即为交直轴坐标系下四相空芯脉冲发电机的数学模型。

通过坐标变换，四相空芯脉冲发电机的数学模型大为简化，电机的电压方程变成常系数微分方程，电磁转矩实现了解耦，理论上可通过解析计算进行求解。即使利用 Matlab Simulink 或 Saber 等软件建立类比方块图进行电路仿真计算时，系统模型的复杂程度也将显著降低，能够有效地提高系统的仿真计算效率。

利用电机数学模型和 3.4 节推导的电感表达式，通过求解状态方程或建立电路仿真模型的方法，快速计算空芯脉冲发电机的各项性能，建立各变量之间的联系，在电机设计初期为电机的优化设计方向提供指导意见。

3.7 脉冲发电机有限元建模方法

在电感计算和建立数学模型时，均采用了一定的假设和简化，物理概念清晰但计算精度较差，特别是对于空芯脉冲发电机，其内感和负载仅在微亨和毫欧级别，电机的输出性能受电机参数的影响极大，因此有必要采用计算精度更高的时步有限元法建立空芯脉冲发电机的仿真模型，以获得更精确的仿真结果。

采用 Maxwell 软件建立空芯脉冲发电机的有限元模型，一方面是因为 Maxwell 在瞬态仿真时能够随转子运动计算动态电感及涡流效应，另一方面是因为 Maxwell 与电路软件 Simplorer 及 Ansys Workbench 的温度分析模块均存在无缝接口，能够实现双向时步数据的传输，为建立系统联合仿真模型及温度场分析提供便利。

对于轴向对称的电机，一般采用二维有限元模型就能满足计算精度的需求，但对于空芯脉冲发电机，由于不存在铁芯的导向作用，空芯式电枢绕组或空芯式励磁绕组所产生的磁场在空间分布上呈现明显的三维特点。因此，采用三维模型能够更为精确地确定空芯脉冲发电机的参数和电机特性。考虑到三维有限元耗时较长，本书根据三维场计算结果对二维模型进行适当的修正，引入端部电感参数，在定性的敏感性分析与优化设计时采用二维模型，在定量地给出最终确定方案时采用三维模型。

在建立空芯脉冲发电机的电磁场仿真模型时，为了缩短计算时间，根据电机沿圆周方向的对称性，可将模型简化为实际模型的 $1/2p$ 进行仿真，如图 3-11 所示。对于复合材料制成的结构受力元件，如定、转子轭，转子绑带等，因其磁导率与空气近似，可以用定、转子空气区域代替。仿真时，对产生涡流的部分需要激活涡流计算选项，例如，电磁屏蔽层与导电补偿筒（仅被动补偿结构）。电枢绕组一般采用多股利兹线并绕，因此涡流效应可以忽略不计。电机内各绕组均采用外电路形式，并激活 Simplorer 软件的连接选项。

Maxwell 暂态分析不支持网格自适应，只能采用手动剖分，转子每旋转一个时间步，软件都对气隙网格进行重新剖分，以适应转子的新位置。因此，求解域网格的疏密程度直接影响着仿真计算的速度和精度。由于二维模型计算较快，因此网格

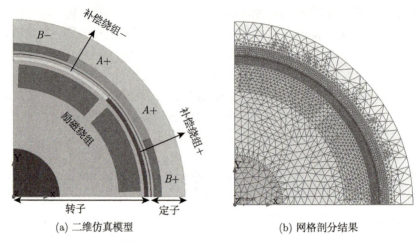

图 3-11　二维仿真模型及剖分结果

可适当加密,以获得尽可能精确的解。

对于三维模型,用多边形面近似代替空气区域及绕组的圆柱面,从而降低模型的曲率,可以获得更好的网格剖分结果。在初步网格剖分时,可先在静磁场求解器中运行,以软件自适应给出的网格作为初剖结果,导入瞬态求解器中,再根据经验由粗到细逐步细化网格,当网格细化至求解结果无明显变化时即认为最终的剖分结果能满足计算精度要求,三维空芯脉冲发电机模型及剖分结果如图 3-12 所示。

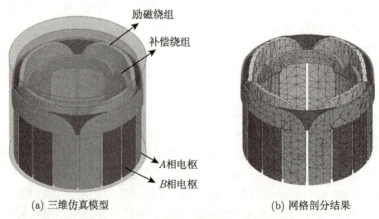

图 3-12　三维空芯脉冲发电机模型及剖分结果

剖分时,对绕组、气隙和需要计及涡流效应的屏蔽层、补偿筒部分需要特别加密,由于 Maxwell 三维仅支持四面体网格,对于径向厚度小、轴向长度大的屏蔽筒,可以采用将实体模型多层化的剖分策略,即认为单层的屏蔽筒由相互接触的多层结构组成，从而获得在径向上分层加密，轴向上相对稀疏的网格划分结果，提高了仿真计算效率。

仿真脉冲发电机放电特性，还需要建立相应的负载模型，详细分析和建模方法见本书第 6 章。

3.8 脉冲发电机设计流程

脉冲发电机主要应用于电磁发射领域，区别于常规发电机，脉冲发电机一般没有额定功率的概念，其输出功率与负载直接相关，因此在电机设计时，必须充分考虑负载的能量与功率需求。负载的能量需求决定了脉冲发电机的主要尺寸与储能，负载的功率需求则决定了脉冲发电机的输出电压和电流。脉冲发电机电磁设计的基本步骤如图 3-13 所示。

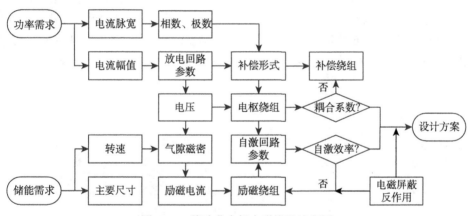

图 3-13 脉冲发电机电磁设计流程图

(1) 根据电磁发射装置的出口动能及连发次数，确定脉冲发电机转子的惯性储能，进而确定电机的转速和主要尺寸。

(2) 根据电磁发射装置的长度和出口速度，计算发射体的加速时间，即输出电流的脉宽，确定脉冲发电机采用单相结构还是多相结构，再确定电机的极对数和其他主要拓扑结构。

(3) 根据发射体所需的加速度和发射装置的电感梯度，确定脉冲发电机的输出电流 I_L；根据输出电流和发射装置的阻抗参数，确定脉冲发电机的输出电压和放电回路参数，特别是电枢绕组的等效电感；以等效电感和耦合系数为目标，确定补偿形式，校核电枢绕组和补偿绕组构成的放电回路参数，进一步确定电枢绕组和补偿绕组参数。

(4) 根据输出电压、电枢绕组参数和转速确定脉冲发电机的气隙磁密，进而确定励磁电流和励磁绕组参数；以自激效率是否满足要求为目标，校核由电枢绕组和励磁绕组构成的自激回路参数，进一步确定电枢绕组和励磁绕组参数。

(5) 根据脉冲发电机的体积和磁场屏蔽要求，为电机设计屏蔽层，并根据屏蔽层对电机反作用效果的大小，进一步确定励磁电流和励磁绕组参数，以维持电机的输出能力不变。

(6) 通过仿真软件，对电机进行仿真，分析电机空载和放电特性是否满足需求。如果不满足，则重新调节电机设计参数。

3.9 设计实例

3.9.1 双轴补偿的提出

在选择被动补偿结构的基础上，本书以一种双轴补偿结构为例，给出脉冲发电机的设计和分析流程。双轴补偿结构脉冲发电机是指电机的补偿绕组与励磁绕组的电角度正交排布，放电时补偿绕组提供交轴补偿，同时利用工作在续流短路状态的励磁绕组，为电枢绕组提供直轴补偿。一台 4 极旋转励磁式双轴补偿空芯 CPA 示意图如图 3-14 所示。

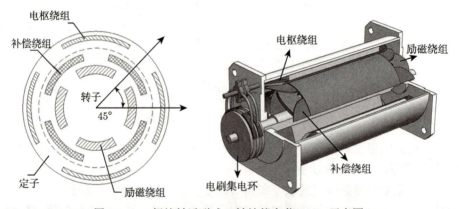

图 3-14　4 极旋转励磁式双轴补偿空芯 CPA 示意图

双轴补偿是综合了被动补偿优点的一种特殊的选择被动补偿结构，通过交轴补偿与直轴补偿的共同作用，无论转子处于何种位置，电枢绕组都能得到比较均匀的补偿而使电机维持较低的内电感，同时，这种正交排布解耦了补偿绕组与励磁绕组之间的磁路耦合，自激时补偿绕组不会感应电流，电机的自激时间及系统效率都较被动补偿结构有较大的改善。

CPA 向负载放电时，电机内存在电枢、交轴补偿与直轴补偿 (励磁) 三个回路，

3.9 设计实例

忽略回路中的电阻，可得各回路中的电压方程为

$$\begin{cases} U_a = L_a \dfrac{di_a}{dt} + M_{ac} \dfrac{di_c}{dt} + M_{af} \dfrac{di_f}{dt} \\ 0 = M_{ac} \dfrac{di_a}{dt} + L_c \dfrac{di_c}{dt} \\ 0 = M_{af} \dfrac{di_a}{dt} + L_f \dfrac{di_f}{dt} \end{cases} \quad (3\text{-}64)$$

式中，下标 a, c, f 分别代表电枢、补偿和励磁绕组，互感与转子位置有关：

$$\begin{cases} M_{ac} = M_{acm} \sin\theta \\ M_{af} = M_{afm} \cos\theta \end{cases} \quad (3\text{-}65)$$

式中，θ 为以电角度表示的励磁绕组与电枢绕组的轴线夹角。

整理式 (3-64)：

$$U_a = L_a \left(1 - \dfrac{M_{ac}^2}{L_a L_c} - \dfrac{M_{af}^2}{L_a L_f}\right) \dfrac{di_a}{dt} \quad (3\text{-}66)$$

考虑到耦合系数的定义及式 (2-11) 推导的耦合系数表达式，可得电枢绕组的等效电感 L_{aef} 为

$$\begin{aligned} L_{aef} &= L_a \left(1 - k_{ac}^2 \sin^2\theta - k_{af}^2 \cos^2\theta\right) \\ &= L_a \left[1 - \left(\dfrac{r_c}{r_a}\right)^{2p_0} \sin^2\theta - \left(\dfrac{r_f}{r_a}\right)^{2p_0} \cos^2\theta\right] \end{aligned} \quad (3\text{-}67)$$

式中，k_{ac} 为电枢绕组与补偿绕组之间的耦合系数；k_{af} 为电枢绕组与励磁绕组之间的耦合系数；p_0 为电机的极对数；r 为绕组所在位置的平均半径。

上式表明，当 $k_{ac} = k_{af}$，即 $r_a = r_c$ 时，电枢绕组的等效电感 L_{aef} 与转子位置无关，电感压缩为未补偿时的 $1-k^2$ 倍，补偿效果与被动补偿相同，相当于导电补偿筒由两套正交的绕组代替。当耦合系数不等时，以半径比 $r_c/r_a = 0.91$，$r_f/r_a = 0.85$ 为例，利用归一化算法，认为未补偿时 $L_a = 1$，计算等效电感的变化曲线如图 3-15 所示。

计算结果表明，当补偿绕组与励磁绕组不在同一圆周面上时，双轴补偿后电机的等效电感在直轴最大补偿与交轴最大补偿之间波动，如图 3-15(a) 所示，电枢绕组能够获得较为理想的压缩比，电枢的等效电感始终维持在较低值。同时，等效电感的波动范围与电机的极对数有关，极对数越小，电枢绕组的补偿作用越好，如图 3-15(b) 所示，当极对数 p_0 大于 3 时，电枢绕组的压缩率已不足 50%，补偿效果显著降低，考虑到两极电机存在转子磁场屏蔽问题，空芯 CPA 应设计为 4 极或 6 极结构。

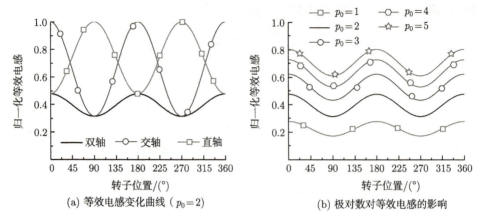

(a) 等效电感变化曲线（$p_0=2$）　　(b) 极对数对等效电感的影响

图 3-15　双轴补偿的等效电感随转子变化规律

在相同负载条件下，分别在双轴、交轴、直轴及无补偿下对同一个参考 CPA 模型进行有限元仿真计算，得到的输出电流波形如图 3-16 所示。

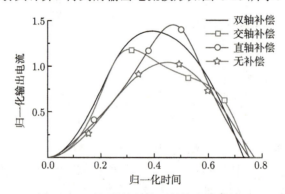

图 3-16　不同补偿结构下的输出电流波形

仿真结果表明，双轴补偿结构的 CPA 能够输出正弦形的脉冲电流，与被动补偿结构的输出电流波形相似，且输出电流的有效值及上升速率明显高于无补偿和直轴补偿结构，说明双轴补偿结构能够使电机具有恒定的低电感，提高了电机的输出能力，并且输出电流的平顶性较直轴补偿结构有显著提升，使负载弹丸获得更为理想的平均加速度与峰值加速比率。

双轴补偿设计还为 CPA 增加了一个可以调节和优化的自由度，经过双轴之间的匹配设计，使 CPA 更容易获得理想的平顶脉冲电流波形，提高电磁发射装置的效率。

3.9.2　双轴补偿空芯 CPA 的等效电感分析

在绕组电流为线电流及正弦分布的假设简化下，电枢绕组与补偿绕组之间的

3.9 设计实例

耦合系数 k_{ac} 仅与绕组的平均半径比有关,而与补偿绕组的下线部分圆周比例无关。实际上,CPA 内绕组电流为平面上的分布电流,因此有必要利用有限元法,从电磁场的角度反向求出电感及耦合系数,考察其与补偿绕组所占相带角 δ 的关系。

利用 3D 有限元模型,计算转子不同位置时三套绕组的自感及互感,进而算得电枢绕组的归一化等效电感与补偿绕组相带角 δ 的关系,如图 3-17 所示。

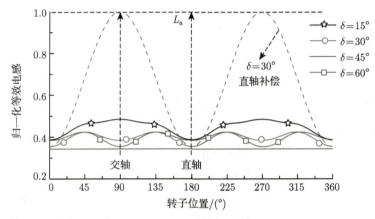

图 3-17 δ 角对电枢等效电感的影响

图 3-17 中,顶端的直线为未补偿时电枢绕组的自感,归一化后为 "1";正弦变化的红色虚线为 $\delta = 30°$ 时仅在直轴补偿作用下电枢绕组的等效电感,其在交轴位置达到未补偿时的最大值,在直轴补偿位置达到最小值。另外的 4 条曲线为 δ 取不同角度时双轴补偿共同作用下电枢的等效电感,可见补偿绕组与励磁绕组的占比关系直接影响了交直轴之间的补偿分布。当 δ 变小,补偿绕组导体占比变小,励磁绕组导体占比变大,导致直轴补偿比交轴补偿充分;同理,当 δ 变大,交轴补偿比直轴补偿充分;当 $\delta = 45°$ 时,补偿绕组与励磁绕组占比相同,电枢绕组在交直轴上得到均匀的补偿,等效于被动补偿结构的屏蔽筒,因此放电期间等效电感都能维持在恒定的低值。

当交直轴补偿不均匀时,电枢绕组的等效电感随转子位置在直轴最大补偿与交轴最大补偿之间波动,等效电感的最大值与最小值随 δ 角的变化曲线如图 3-18 所示。可以看出,补偿绕组与励磁绕组占比差距越大,即交直轴补偿分配越不均匀,电枢绕组的等效电感 L_{aef} 的最大值与最小值就同时越大,并且电感的波动范围也随之变大。为了获得尽量小的 L_{aef},在结构设计与气隙磁场波形允许的条件下,双轴补偿 CPA 的补偿绕组和励磁绕组占比应尽量接近,从图 3-18 中可以看出 δ 角的理想取值为 $30° \sim 60°$。

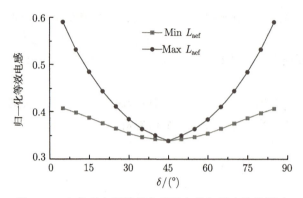

图 3-18 δ 角对电枢等效电感最大值与最小值的影响

3.9.3 双轴补偿空芯 CPA 的双轴匹配设计

在励磁绕组与补偿绕组同圆周设计的双轴补偿 CPA 中，两套绕组之间的占比关系除了需要考虑气隙磁场波形及交直轴补偿匹配等因素外，还需要从结构受力、绕组温升以及空间位置的方面考虑。

在结构受力方面，由于放电瞬间补偿绕组和励磁绕组的交、直轴补偿电流均通过电磁感应获得，感应电流总是与电枢绕组电流方向相反，电枢磁场被压缩在电枢绕组与补偿元件之间，因此气隙磁场成分主要为切向分量，根据电磁力 $J \times B$ 的关系，放电期间补偿绕组与励磁绕组总是受到向转子内侧的电磁力，如图 3-19 所示。

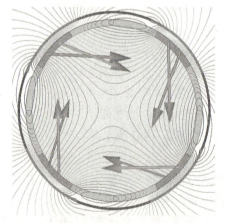
(a) 交轴补偿时补偿绕组受力情况

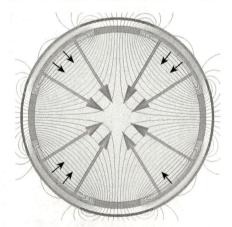
(b) 直轴补偿时励磁绕组受力情况

图 3-19 放电期间补偿绕组与励磁绕组所受电磁力

绕组所受电磁力与绕组流过的电流成正比，在电机放电参数确定后，根据楞次定律，补偿绕组与励磁绕组的感应电流主要由两套绕组各自的匝数决定。由于空芯

CPA 补偿绕组与励磁绕组的电抗要大于电阻一个数量级，电路主要呈感性，所以两套绕组的感应电流基本与绕组匝数成反比，如图 3-20 所示。

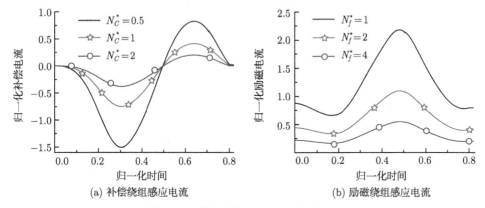

图 3-20 绕组匝数对感应电流的影响

在双轴补偿 CPA 中，励磁绕组不仅需要提供直轴补偿，还为 CPA 提供主极磁场，当励磁绕组匝数加倍或减半时，为了维持相同的气隙磁场和输出电压，励磁电流也需要减半或加倍，因此匝数不同时，放电开始时励磁绕组的初始电流并不相同，但从电流的波动范围看，感应电流仍基本与匝数成反比。

考虑到励磁绕组放电前的初始电流叠加作用，如图 3-20 所示，当补偿绕组的匝数为"1"，励磁绕组的匝数为"2"时，即励磁绕组匝数是补偿绕组匝数 2 倍的时候，两套绕组感应电流的峰值和有效值相近，若采用相同的绕组截面积和导体材料，则两套绕组的受力面积与生热率情况相近，一方面圆周方向受力和发热均匀，另一方面可以采用相同的工艺结构及冷却方式。

综合本节所述三个方面，对于同圆周设计的双轴补偿空芯 CPA，励磁绕组与补偿绕组的圆周占比宜采用 2:1，即一极下励磁绕组下线部分为 60°，补偿绕组下线部分 δ 为 30°，励磁绕组与补偿绕组宜采用相同的导体截面积，励磁绕组匝数设计为补偿绕组匝数的 2 倍，从而获得相对理想的气隙磁场波形、交直轴补偿匹配关系，以及圆周上导体均匀的受力与发热。

3.9.4 双轴补偿空芯 CPA 的设计参数及仿真模型

为了比较和说明双轴补偿结构在单相与多相 CPA 系统中的应用情况，本书选取加农口径轨道炮和中型口径轨道炮为 CPA 负载，其中以所需脉宽较短的加农台储能 15 MJ 的两相双轴补偿空芯 CPA 为参考电机，其主要设计参数如表 3-2 所示。

利用 3D 电磁场联合仿真模型计算系统的运行情况，由于本节主要考察 CPA 放电时刻的磁场分布及输出能力，所以为了提高仿真计算的速度，这里采用快速联合仿真模型，如图 3-21 所示，用一台理想的电容放电取代自激励磁过程，为 CPA

直接提供初始励磁电流,节省了自激过程仿真所需要的时间。

表 3-2 双轴补偿空芯 CPA 的设计参数

机械参数		电磁参数	
额定转速 $n/(\text{r/min})$	10 000	额定励磁电流 i_f/kA	45
转动惯量 $J/(\text{kg·m}^2)$	27.3	空载电压峰值 U_0/kV	3.5
转子长度 L_r/m	0.95	电枢绕组每极匝数 N_a(并联)	4
转子外径 D_r/m	0.6	补偿绕组每极匝数 N_c(并联)	6
线圈有效长度 L_e/m	0.8	励磁绕组每极匝数 N_f(串联)	12

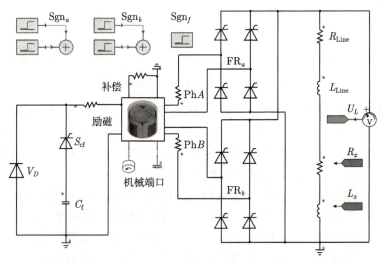

图 3-21 电容励磁快速空芯 CPA 联合仿真模型

励磁电容 C_f 提供 45 kA 的初始励磁电流后切出励磁回路,励磁绕组经过续流二极管 V_D 续流短路,A 相与 B 相电枢绕组通过放电整流器 FR_a 和 FR_b 与负载轨道炮模型相连,在相应的触发角通过控制信号 Sgn_a 和 Sgn_b 对轨道炮放电。

3.9.5 双轴补偿空芯 CPA 的单脉冲放电特性分析

本节以加农口径轨道炮为负载,考察单相双轴补偿空芯 CPA 的交直轴补偿情况及输出能力。负载选取一台典型的加农口径轨道炮,长度为 2m,电阻梯度 $R'=0.1\text{m}\Omega/\text{m}$,电感梯度 $L'=0.5\mu\text{H/m}$,弹丸质量为 100g,目标发射速度为 2km/s。放电回路中,电枢绕组自感为 $4.84\mu\text{H}$,经过双轴补偿后 CPA 内感为 $1.78\mu\text{H}$,电枢绕组内阻为 $0.5\text{m}\Omega$,开关及线路的电阻为 $0.5\text{m}\Omega$,电感为 $1\mu\text{H}$。

1) 双轴补偿与直轴补偿放电特性对比

在仿真单相单脉冲放电时,这里仅利用 A 相电枢绕组,分别在双轴补偿和仅

3.9 设计实例

直轴补偿的作用下,空芯 CPA 的输出能力如图 3-22 所示,仿真时为了便于对比,暂不考虑转速下降过程,假设 CPA 的转速恒为 10000r/min。

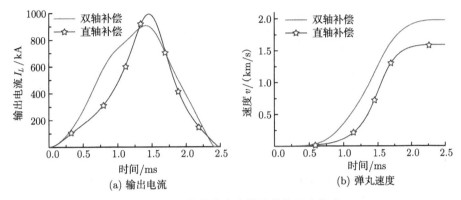

图 3-22 双轴补偿和直轴补偿的输出能力

由图 3-22(a) 的输出电流对比可以看出,双轴补偿后 CPA 输出近似正弦的电流波形,与理论分析相符,是单相电磁轨道炮系统理想的输入电流波形,与直轴补偿相比,电流的有效值与峰值比率从 0.52 提高至 0.65,使弹丸在轨道炮中加速更为平滑,减小了对轨道炮的瞬时应力冲击,提高了轨道炮的使用寿命,同时也降低了对放电开关管的要求。

输出电流峰值虽然从 992kA 下降至 907kA,但有效值从 496kA 提高至 560kA,使弹丸获得了更大的平均加速度,弹丸的出口速度由 1588m/s 提高至 1974m/s,如图 3-22(b) 所示,由于交轴补偿绕组为自行短路设计,无须连接额外的开关器件及电缆,所以当交轴补偿绕组采用与复合填充物密度相当的铝制绕组时,CPA 系统的质量基本保持不变,轨道炮出口动能的提高使得系统的传递能量密度提高了 54.5%。

双轴补偿 CPA 放电时,随着转子位置的变化,补偿绕组和励磁绕组分别在相应的位置感应电流,为电枢绕组提供交轴和直轴补偿。由于位于交轴的补偿绕组在自激过程中不感应电流,因此放电时补偿电流从零开始变化;而励磁绕组需要为 CPA 提供主极磁场,放电时工作在续流短路状态,因此放电开始时有 45kA 的初始电流。触发角为 0° 时,单相单脉冲放电瞬间补偿绕组与励磁绕组的感应电流如图 3-23 所示。

当补偿绕组轴线与放电的 A 相电枢绕组轴线重合时 (此例为 0.75ms),此时两套绕组之间的电磁耦合最强,达到交轴补偿的最大值。对比双轴补偿和仅直轴补偿时 CPA 内的矢量磁密分布情况,如图 3-24 所示,可见由于此时补偿绕组导线旋转到面向 A 相电枢绕组导线的位置,补偿电流改变了 CPA 内的磁场分布,磁通被压缩在补偿绕组与 A 相电枢绕组之间,显著地降低了电枢绕组的等效电感,因此放电开始阶段双轴补偿 CPA 能够获得更高的电流上升速率。

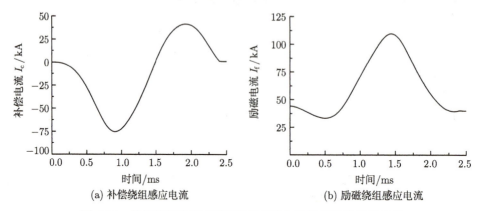

图 3-23　单相单脉冲放电瞬间补偿绕组与励磁绕组的感应电流

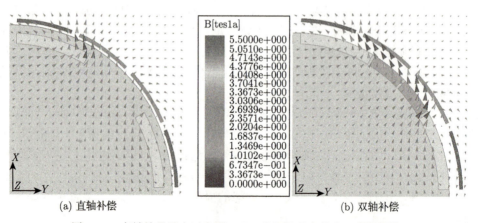

图 3-24　交轴补偿最大时空芯 CPA 的矢量磁密分布 (后附彩图)

当励磁绕组旋转到面向 A 相电枢绕组的位置时 (此例为 1.5ms)，此时续流短路的励磁绕组获得最大的感应电流，即直轴补偿达到最大值，如图 3-25 所示，磁通被压缩在励磁绕组与 A 相电枢绕组之间，同样获得了较低的电枢绕组等效电感。由于此时电枢绕组输出电流接近最大值，所以电机内磁密的幅值比交轴补偿时更大。

当励磁绕组和补偿绕组的轴线与电枢绕组的轴线均不重合时 (如放电开始后 1.05ms)，如图 3-26 所示，补偿绕组和励磁绕组与电枢绕组均存在耦合作用，同时为电枢绕组提供补偿作用，使电枢绕组的磁通始终压缩在气隙当中，从而使双轴补偿 CPA 获得恒定的低内感，从电磁场的角度验证了双轴补偿理论的有效性。

3.9 设计实例

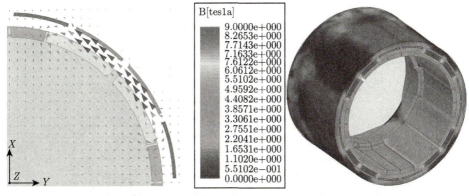

图 3-25 直轴补偿最大时双轴补偿空芯 CPA 的磁密分布 (后附彩图)

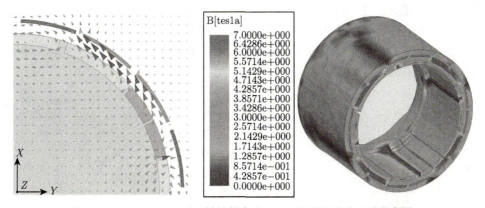

图 3-26 $t = 1.05\text{ms}$ 时双轴补偿空芯 CPA 的磁密分布 (后附彩图)

2) 双轴补偿 CPA 的输出能力

上述仿真是在 CPA 恒转速的假设下进行的，实际上，为了避免放电瞬间对原动机的冲击作用，放电开始之前原动机应与 CPA 脱离，CPA 依靠惯性自由旋转。在考虑转速变化时，联合仿真模型中机械端口应采用 Mass 模块，这里给定转动惯量为 27.3kg·m^2，初始速度为 10000r/min，得到惯性旋转时 CPA 的输出电流及转速变化曲线如图 3-27 所示。

从图 3-27 (a) 可以看出，由于放电瞬间转速下降，CPA 的感应电压及放电回路的感抗同时降低，所以输出电流仅有小幅下降，同时由于电机频率的降低，放电脉宽略有增大，但整体放电的电流波形与恒转速仿真时结果相近，说明前述恒转速仿真的假设是合理的。由图 3-27(b) 可见，放电开始时电机的转速先降低，将惯性储能转换为电能，瞬时转矩冲击可达 1.9MN·m；放电 1.5ms 后，电压反向，电机输出功率为负，将电路中电感储存的能量回收，电机的转速回升。放电结束后，CPA 的转速降为 9646r/min，惯性储能损失 $\Delta E_r = 1040\text{kJ}$。

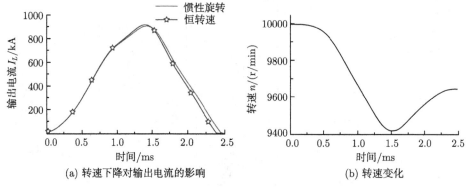

(a) 转速下降对输出电流的影响　　(b) 转速变化

图 3-27　惯性旋转时 CPA 的输出电流及转速变化曲线

考虑转速变化时，双轴补偿空芯 CPA 的电压和功率如图 3-28 所示，可见由于轨道炮的内阻抗非常小且从零开始变化，CPA 输出电压和功率主要损耗在线路及开关的阻抗上，CPA 输出瞬时峰值功率可达 1040MW，负载轨道炮上的输入功率峰值为 400MW。

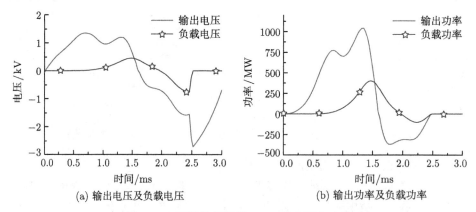

(a) 输出电压及负载电压　　(b) 输出功率及负载功率

图 3-28　双轴补偿空芯 CPA 的电压和功率

在双轴补偿 CPA 输出电流的作用下，弹丸在轨道炮中的时间加速过程如图 3-29(a) 所示，加速过程持续 2.5ms，弹丸获得出口速度 2010m/s，最大加速度 $2.12 \times 10^6 \text{m/s}^2$，满足预期设计指标。由图 3-29(b) 的位移加速过程还可以看出，弹丸在 2m 长轨道炮的出口位置加速度为 0，即该位置下 CPA 输出电流为 0，抑制了轨道炮出口电弧的产生，省去了轨道炮的灭弧机构，提高了轨道炮的发射效率。

根据以上仿真结果，得到轨道炮的发射能量 E_m 为 202 kJ，CPA 的动能损失 ΔE_r 为 1040kJ，则传递效率 η_r 为 19.4%。需要说明的是，该传递效率仅考虑了放电过程中 CPA 的动能损失，自激过程及能量回收过程中励磁回路损耗引起的动能损失将在下一章分析。

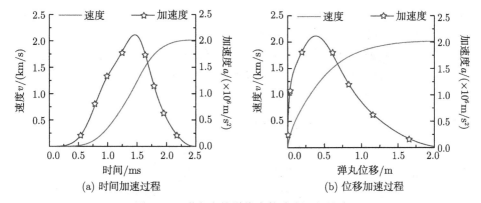

图 3-29 弹丸在轨道炮中的速度和加速度

3) 转速对双轴补偿 CPA 输出能力的影响

CPA 驱动的轨道炮一般采用多轮连续发射的工作模式，即原动机拖动 CPA 至额定转速后，CPA 在几秒或几十秒内完成一轮对轨道炮的连续多次放电，一轮放电结束后原动机重新与 CPA 相连，为 CPA 补充动能准备下一轮发射。

一轮内 CPA 的连发次数，除了与电机的发热有关外，还受到 CPA 的储能与转速的制约。当电机转速下降到一定程度时，CPA 的自激速度变慢，甚至无法建立自激，因此 CPA 不能像电容一样将储存的能量全部转换为电能输送出去。通常，单轮次放电动能损失比应小于 0.5，考虑到电机的储能与转速平方成正比，为了保持连发过程中的输出能力不变，CPA 应在 70.71% 额定转速时仍能驱动弹丸至目标发射速度。当双轴补偿 CPA 的初始转速下降到 7071r/min 时，电机的输出电流波形及获得的弹丸出口速度如图 3-30 所示。

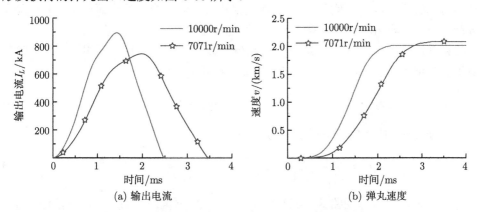

图 3-30 转速对双轴补偿空芯 CPA 输出能力的影响

可见，由于电机转速的降低，CPA 的输出电流幅值由 895kA 下降至 745kA，但输出脉宽由 2.5ms 提高到 3.5ms，综合来看，弹丸获得的速度反而从 2010m/s 提高至 2080m/s，说明 CPA 在低转速时仍具有良好的输出能力。出现这种结果是因为 CPA 的放电回路一般呈感性，随着转速的下降回路阻抗也下降，因此在该算例下，虽然电机的转速下降了 30%，但输出电流仅降低了 17%，同时由于电流持续时间变长，因此低转速时，弹丸反而获得了更高的出口速度，即 CPA 的转速下降，并不会对输出能力产生不利的影响。

3.9.6 双轴补偿空芯 CPA 的多脉冲放电特性分析

未来轨道炮将继续向大口径、高初速、高炮口动能的方向发展，轨道炮的长度和弹丸质量都将显著提高，这就要求 CPA 必须能够为轨道炮提供足够宽的脉冲电流。采用多相结构的 CPA，经过整流后向负载放电，解耦了电机转速与脉宽之间的制约关系，不仅能获得足够的脉宽，还能提高转速从而获得更高的储能密度，是未来 CPA 的发展方向。

本节以中型口径轨道炮为负载，考察双轴补偿空芯 CPA 的多相多脉冲输出能力。CPA 采用两相结构，电角度正交的 A、B 两套电枢绕组经过各自的全桥整流电路各自独立地向负载放电，如图 3-21 所示。负载选取一台中型口径轨道炮，长度为 5m，弹丸质量为 300g，目标发射速度为 2km/s，其他仿真条件与单脉冲放电相同，仍采用理想电容励磁的快速仿真模型。

研究表明，轨道炮的结构强度主要受弹丸峰值加速度的限制，对于超过 100g 的重载发射，更高的平均值与峰值加速比率意味着更长的加速时间，从而获得更高的炮口速度或更短的轨道长度，因此近似平顶的输入脉冲电流波形是中型以上口径轨道炮必备的指标之一。

多相 CPA 的输出电流由多个脉冲电流调制获得，由于放电瞬间 CPA 的转速与励磁电流均不可控，因此 CPA 一般仅能通过控制每个脉冲电流的触发角，调节各脉冲电流的幅值和脉宽，最终获得轨道炮理想的平顶电流波形。

根据电路理论，CPA 驱动轨道炮系统可以看成一个 RL 串联电路，放电时近似于正弦电压激励下的零状态响应，接通后电路方程为

$$L\frac{\mathrm{d}i_L}{\mathrm{d}t} + Ri_L = U_m \sin(\omega t + \varphi_u) \tag{3-68}$$

求解微分方程，放电电流可以表示为

$$i_L(t) = \frac{U_m \sin(\omega t + \varphi_u - \varphi)}{\sqrt{(\omega L)^2 + R^2}} - \frac{U_m \sin(\varphi_u - \varphi)}{\sqrt{(\omega L)^2 + R^2}} \mathrm{e}^{-\frac{R}{L}t} \tag{3-69}$$

式中，L 和 R 为放电回路的电感和电阻；U_m 为电枢电压幅值；φ_u 为初始相位角，也是放电触发角；$\varphi = \arctan(\omega L/R)$。

式 (3-69) 电流的前项表达式是强制分量，与外施正弦激励按同频率的正弦规律变化；后项为指数形式的自由分量，随着时间的增长将趋于零。放电触发角 φ_u

决定了自由分量的大小,因此对输出电流的幅值与脉宽都有直接的影响。

当开关闭合时,若有 $\varphi_u = \varphi$,则后项自由分量为零,电路中不发生过渡过程而立即进入稳定状态,由于一般放电回路呈感性,因此满足该条件的触发角接近 $90°$;若有 $\varphi_u = \varphi - \pi/2$,则后项自由分量最大,过渡时间最长,电流的最大瞬时值接近稳态电流的 2 倍。

对于算例的双轴补偿 CPA,工作在 10000r/min 时放电回路的总电阻 $R = 1.1\text{m}\Omega$,总电抗 $\omega L = 6.87\text{m}\Omega$,计算可得 $\varphi = 80°$,即当触发角 φ_u 为 $80°$ 时,输出电流直接进入稳态过程,这将有利于多相多脉冲输出时获得平顶电流波形;当触发角 φ_u 为 $-10°$ 时,输出电流脉宽和幅值最大,由于晶闸管只有在正向电压时才能导通,实际获得最大自由分量的触发角为 $0°$,所以对于单相单脉冲放电获得更高的幅值和更宽的脉宽更加有利。

以单独 A 相绕组连续输出三个脉冲为例,分别在触发角为 $0°$ 和 $80°$ 时向负载放电,双轴补偿与仅直轴补偿作用下的输出电流结果如图 3-31 所示。

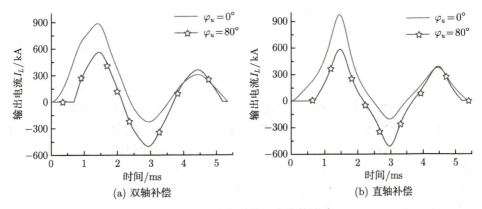

图 3-31 触发角对输出电流的影响

可见仿真结果与理论分析相符,触发角 $\varphi_u = 80°$ 时输出电流直接进入稳态过程,输出电流频率与电机频率相同。在双轴补偿作用下,输出电流的正弦性变好,电流有效值与峰值比率由 0.65 提高至 0.69,电流上升速率变快;在仅直轴补偿作用下,电流有效值与峰值比率由 0.52 提高至 0.61,输出电流由尖顶波变为近似三角波。

此外,由于励磁绕组工作在续流短路状态,放电过程中励磁电流逐渐衰减,同时轨道炮的阻抗随着弹丸位移逐渐变大,因此连续输出时电流的幅值逐渐变小。为了使轨道炮获得理想的梯形输入电流波形,多脉冲输出的 CPA 应根据最后一个脉冲电流的幅值对其余脉冲的触发角进行调制。

两相 CPA 通过输出整流器 FR_a 和 FR_b 向负载输出,相与相之间存在换流过程，因此输出电流的震荡过程与单相输出略有不同，除第一个脉冲外，只有当一相电枢的反电势高于另一相时，该相才能被触发输出脉冲。理想情况下，自然换相点应为 45°，但实际由于电路呈感性，自然换相点要相应地延迟，触发角只能在大于自然换相点时向大调节，即输出电流只能向小调节。

以轨道炮理想的梯形电流波形为目标，分别在双轴补偿与仅直轴补偿作用下，对空芯 CPA 的脉冲触发角进行调制，得到电机的输出电流波形如图 3-32 所示。

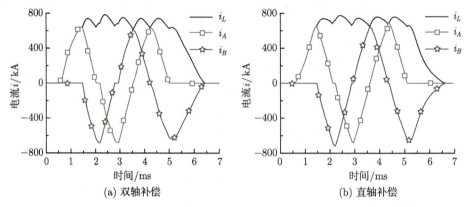

图 3-32　两相空芯 CPA 的多脉冲输出

可以看出，两种补偿结构下，经过对连续 6 个脉冲的调制，两相空芯 CPA 均能输出理想的梯形电流波形，A 相和 B 相的第一个脉冲触发角分别为 72° 和 86.4°，B 相较 A 相延迟触发 14.4° 是因为 A 相先放电后，励磁绕组提供直轴补偿作用，励磁电流瞬时增大，使得 B 相感应电压提高，为了保持输出电流幅值相同，B 相需要增大触发角降低输出电流。双轴补偿 CPA 在多脉冲输出时，补偿绕组和励磁绕组同样在交轴与直轴位置为电枢绕组提供补偿，补偿绕组和励磁绕组的感应电流如图 3-33 所示。

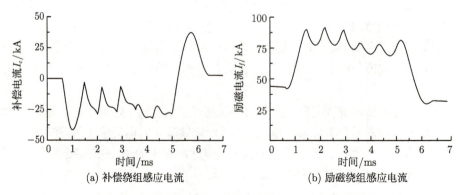

图 3-33　多脉冲放电时补偿绕组与励磁绕组的感应电流

3.9 设计实例

脉冲调制时,为了使最后一个脉冲输出电流幅值最大,两种补偿结构下 A、B 两相最后一个脉冲的触发角均为自然换相点,两种补偿结构的区别主要体现在中间两个脉冲的触发时刻,对于双轴补偿结构,A、B 两个脉冲的触发角均在自然换相点后 18°;对于直轴补偿结构,中间两个脉冲的触发角在自然换相点后 10.8° 和 7.2°。仿真说明,为了获得平顶电流,双轴补偿结构更多地利用了触发角抑制输出电流,牺牲了获得更高幅值脉冲电流的能力。

在图 3-30 所示的两种补偿结构输出电流的作用下,轨道炮弹丸获得的速度和加速度如图 3-34 所示。双轴补偿 CPA 的炮口速度为 1890m/s,衡量弹丸加速平滑性的加速度平均值与峰值比率为 0.607;直轴补偿 CPA 的炮口速度为 2020m/s,加速度平均值与峰值比率为 0.598。可见,脉冲调制后两种补偿结构均能获得理想的平滑加速度,直轴补偿 CPA 的弹丸炮口速度满足发射指标要求,双轴补偿 CPA 不能满足指标。在不影响加速度比率的前提下,可以通过提高励磁电流来获得更大的输出电流,使弹丸满足出口速度指标。

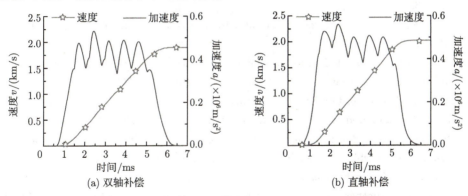

图 3-34 多脉冲作用下轨道炮弹丸的速度和加速度

通过以上分析可知,CPA 多脉冲输出时,为了保证各脉冲幅值相同,前几个脉冲需要通过增大触发角的方式降低输出电流的峰值,因此双轴补偿电感小、有效值大的优势难以体现。另外,在两相脉冲波形叠加调制时,双轴补偿的近似正弦波形相比直轴补偿的近似三角波形并无优势,反而三角波更容易叠加出平顶的输出电流波形。双轴补偿在多脉冲输出的优势主要体现在放电开始和结束时,电流的上升和下降的斜率更大,有利于在相同的脉宽内获得更长的弹丸加速时间,能够小幅提高弹丸加速度平均值与峰值比率。

综上所述,双轴补偿 CPA 在多相多脉冲驱动轨道炮负载时,能够输出轨道炮理想的梯形电流波形,但相比于直轴补偿结构并不具备明显的优势,考虑到额外增加的补偿绕组给电机的结构设计及工艺带来的一定难度,本书认为双轴补偿结构不适宜应用于多相 CPA 驱动的中长轨道炮系统,更适合应用在单相 CPA 驱动的短轨道炮系统。

参 考 文 献

[1] 吴绍朋. 空芯补偿脉冲发电机的设计方法与关键技术研究. 哈尔滨工业大学博士学位论文, 2011.

[2] 赵伟铎. 高传递能量密度空芯补偿脉冲发电机关键问题研究. 哈尔滨工业大学博士学位论文 (内部), 2015.

[3] Hughes A, Miller T J E. Analysis of fields and inductances in air-cored and iron-cored synchronous machines. Proc. Ins. Elect. Eng., 1977, 124(2): 121-126.

[4] Oh S J, Driga M D. Fast discharging inertial energy storage systems for industry applications: electromagnetic considerations. IEEE Pulsed Power Conference, Monterey, CA, USA, 1999: 1283-1286.

[5] Pratap S B, Driga M D. Compensation in pulsed alternators. IEEE Trans. Magn., 1999, 35(1): 372-377.

[6] Alan W, Walls B. Advanced compulsator topologies and technologies. The University of Texas at Austin, 2002.

[7] Ye C, Yu K, Lou Z, et al., Investigation of self-excitation and discharge processes in an air-core pulsed alternator. IEEE Trans. Magn., 2010, 46(1): 150-154.

[8] Mallick J A, Crawford M. Determining pulsed alternator thyristor converter firing angles to produce a desired launcher current. IEEE Trans. Magn., 2005, 41(1): 322-325.

[9] Hughes A, Miller T J E. Analysis of fields and inductances in air-cored and iron-cored synchronous machines. Proc. Inst. Elect. Eng., 1977, 124(2): 121-126.

[10] Goswami S K. Synchronous-machine sudden 3-phase short-circuit. analysis by norton's, constant-flux-linkage and thévenin's theorems. Proc. Inst. Elect. Eng., 1971, 118(10): 1459-1466.

[11] 刘克富. 全补偿脉冲发电机及其系统——高功率小型化电炮脉冲电源. 华中科技大学博士学位论文, 1999: 46, 47.

[12] Yu K X, Ye C Y, Pan Y. Study on the excitation condition of compensated pulsed alternator. International Conference on Electrical Machines and Systems 2008, Wuhan, China, 2008: 3544-3548.

第4章 脉冲发电机的热管理研究

为了抵抗瞬时放电冲击和高速离心力，空芯 CPA 的定转子绕组通常被包覆在复合材料与环氧树脂当中，而这些材料具有极低的导热系数，导致空芯 CPA 绕组产生的热量难以有效地传递到外界进行对流散热，绕组温度随放电次数积累不断升高，限制了空芯 CPA 的连续运行能力。因此，有必要对空芯 CPA 的温升与冷却问题开展研究[1-9]。

4.1 脉冲发电机温度场分析

4.1.1 基本传热学理论

为讨论空芯 CPA 内各部件在电机内热交换的作用，本节简要介绍传热学的基本理论，作为电机温度场计算的传热学基础。

工程中传热现象从物理本质上区分时，通常有三种基本形式，即热传导、热对流及热辐射。下面分别对各传热方式及基本计算方法加以介绍。

1. 热传导

物体各部分之间不发生相对位移时，依靠分子、原子及自由电子等微观粒子的热运动而产生的热能传递称为热传导，简称导热。例如，固体内部热量从温度较高的部分传递到温度较低的部分，以及温度较高的固体把热量传递给与之接触的温度较低的另一固体都是导热现象。

通过对大量实际导热问题的经验提炼，导热现象的规律已经总结为傅里叶定律：物体内单位时间通过单位面积所传递的热量与物体内的温度梯度成正比，其形式为

$$\boldsymbol{q} = -\lambda \frac{\partial t}{\partial x} \boldsymbol{n} \tag{4-1}$$

式中，q 为热流密度，单位为 W/m^2；λ 为导热系数，单位为 $W/(m \cdot K)$，表征材料导热性能优劣；t 为温度，单位为 K；x 为在导热面上的坐标，单位为 m；$\boldsymbol{n}$ 为通过该点的等温线上的法向单位矢量，指向温度升高的方向。

2. 热对流

热对流是指由于流体的宏观运动而引起的流体各部分之间发生相对位移，冷、热流体相互掺混所导致的热量传递过程。按产生流动的原因可分为强制对流换热

和自然对流换热。强制对流换热是指流体受到外力推动而产生流动时的换热,自然对流换热是指参与换热的流体由于各部分温度不均匀而形成密度差,从而在重力场或其他力场中产生浮升力所引起的对流换热现象。

对流传热的基本计算式是牛顿冷却公式:

$$q = h\Delta t \tag{4-2}$$

式中,Δt 为温差,约定永远取正值;h 为表面传热系数(或称为对流换热系数),单位为 $W/(m^2 \cdot K)$,表征换热强度的大小。

3. 热辐射

热辐射指物体发射电磁能,并被其他物体吸收转变为热的热量交换过程。实际物体辐射热流量的计算可以采用斯特藩-玻尔兹曼定律的经验修正形式:

$$\Phi = \varepsilon A \sigma T^4 \tag{4-3}$$

式中,Φ 为辐射热流量,ε 为物体的发射率,其值总小于 1;T 为黑体的热力学温度,单位 K;σ 为斯特藩-玻尔兹曼常量,$5.67 \times 10^{-8} W/(m^2 \cdot K^4)$;$A$ 为辐射表面积,单位 m^2。

在电机内,辐射换热只占很少一部分,尤其对强制对流冷却的电机,辐射常忽略不计。

4.1.2　电机温度场计算方法

电机温度场计算问题的理论与研究作为电机设计的一项重要内容,伴随着电机制造水平的发展而不断进步。自 20 世纪 70 年代起,现代数值方法及计算机的应用为温度场研究提供了有力的工具,电机的温度计算进入蓬勃发展的阶段,形成了比较完善的理论体系与计算方法,目前比较常用的方法主要有以下几种:

1. 简化公式法

简化公式法比较简单,是电机制造厂设计电机时常用的一种温升估算方法,用以计算电枢绕组铜和铁心的平均温升。简化公式法假定全部铁心损耗及有效部分铜耗只通过定子或转子圆柱形冷却表面散出,而电枢绕组铜的有效部分和端接部分之间没有热交换。这些假定虽然不尽合理,但是这种方法所采用的散热系数是根据结构相同或相似的电机温升实验结果确定的,因此计算结果比较接近实际。

2. 等效热路法与等效热网络法

等效热路法及等效热网络法所遵循的基本原理是一样的,都是根据传热学和电路理论来形成等效热路,运用局部集中参数的观点,假定热源损耗都集中在各个节点上,节点之间用热阻连接,热流集中的由枝通过,将节点温度作为求解变量。

由损耗、热流、热阻、热容和某些点的已知温升构成了等效热网络，根据基尔霍夫热流定律，列出网络节点的温度方程组，建立起数学物理模型。运用数值方法求解代数方程组，即可求出各节点的温度值。由于热路所遵循的物理规律与电路相似，因而可采用较成熟的电路技术求解。

两种方法的区别仅是对实际电机传热所进行的简化程度不同，热路法节点少，计算量小；热网络法节点多，更全面地考虑了影响电机发热、传热以及散热的因素，计算结果更加精确。因此，国外文献往往不对这两种方法进行特别区分，统一对其命名为集总参数热网络法 (lumped parameters thermal network，LPTN)。

3. 数值计算方法

电机内的热交换依据普通的热交换定律可以用导热微分方程表示。数值计算方法就是用现代数值方法来求解该微分方程，将求解区域离散成许多小单元，在每个单元中建立方程，再对总体方程组进行求解。有限元法 (finite element analysis，FEA) 和计算流体力学法 (computational fluid dynamics，CFD) 是目前见于文献较多的数值计算方法，下面分别加以介绍。

1) 有限元法

有限元法是根据变分原理求解数学物理问题的一种数值计算方法。在电机内，由一个有效部分向另一个有效部分运动的热流实际上是不存在的，因此，有限元法实际上是将电机的有效部分理想化为几何形状比较简单，在热方面彼此无关的有限个单元体的集合，求解有限节点处的待求变量。

有限元法最大优势在于可以借助几何建模和网格剖分，建立并求解任意结构电机的温度场模型，得到直观的温度分布云图，并给出过热点的数值及位置；缺点是作为边界条件的对流换热系数仍需通过经验公式进行估算，降低了计算的准确性。

随着计算机运算速度和三维绘图能力的增强，计算和建模已不再成为问题，边界条件亦可结合其他方法准确计算，因此有限元法是目前应用比较广泛的温度场计算方法。

2) 计算流体动力学法

计算流体动力学法是建立在经典流体动力学与数值计算方法基础之上的一门新型离散化方法，通过计算机数值计算和图像显示的方法，在时间和空间上定量描述流场的数值解，从而达到对物理问题研究的目的，为现代科学中许多复杂流动与传热问题提供了有效的计算技术。

应用计算流体动力学法，不仅可以对求解域内的固体和流体建立描述温度场的能量守恒方程，还可以对流体单独建立质量守恒方程和动量守恒方程，以描述冷却介质的速度场和压力场，并通过换热微分方程计算电机的对流换热系数，从而精确计算电机的温度场。缺点是计算量大，并且需要较强的流体力学基础，计算结果较难收敛。

相比于常规电机，首先，脉冲发电机结构特殊，转子外缘上装有补偿铝筒，以及为了克服高速旋转时绕组的离心力及径向伸长，在转子无槽励磁绕组外缠绕碳纤维；其次，脉冲发电机工况特殊，它工作在脉冲放电状态，在几个毫秒内产生几千甚至几百千安的脉冲电流，放电瞬间生热，放电间隔散热，因此，为了精确计算脉冲频率及脉冲次数对电机温度的影响，必须对其进行暂态温度场仿真。

综合几种温度场计算方法的优缺点，并考虑空芯脉冲发电机独特的空芯结构和脉冲工况，本书采用数值有限元法，利用其可以根据工程图纸准确建立仿真模型的优势，建立脉冲发电机三维温度场模型，并对其进行暂态温度场仿真计算。

4.1.3 空芯 CPA 温度场分析

1. 基本假设和求解域模型

以一台定子双电枢绕组空芯补偿脉冲发电机为例，进行温度场分析。DSW-PCPA 的三维剖视图和径向截面图分别如图 4-1 和图 4-2 所示。

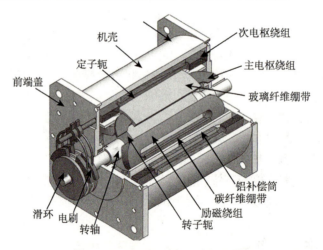

图 4-1 DSW-PCPA 三维剖视图

该空芯补偿脉冲发电机原理样机为单相、四极、被动补偿结构，定子上采用主电枢和次电枢两套绕组。根据两套电枢绕组各自的工作特点，对两套绕组分别设计，优化电机的性能。在铁芯机中，采用无槽绕组，是为了降低绕组的槽漏感和齿顶漏感，从而降低绕组的总电感。在空芯机中，定转子轭由不导磁的纤维树脂类复合材料制成，绕组的电感不受定转子轭开槽的影响。但在纤维树脂类复合材料制成的结构件上开槽，会割断纤维，使结构件的强度大大降低。因此，为了实现定转子部件的整体成型，增强定转子部件的整体强度，在空芯机中仍采用无槽绕组。样机参数如表 4-1 所示。

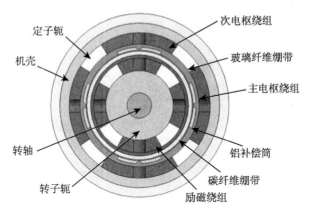

图 4-2 DSW-PCPA 径向截面图

表 4-1 双电枢空芯脉冲发电机样机参数

机械参数		电磁参数	
额定转速/(r/min)	10 000	相数	1
转动惯量/(kg·m^2)	0.086	极数	4
转子惯性储能/kJ	47.2	主电枢绕组空载电压峰值/V	450
电机质量/kg	60	次电枢绕组空载电压峰值/V	4 400
电机长/mm	350	放电电流峰值/kA	3.5
电机外径/mm	290	励磁电流峰值/A	200
转子外径/mm	172	主电枢绕组每极匝数	10
铝筒长度/mm	312	次电枢绕组每极匝数	250
铝筒厚度/mm	6	励磁绕组每极匝数	180

根据电机的实际结构和传热学理论，对脉冲发电机温度场模型做出以下假设和简化：

(1) 机械损耗忽略不计；

(2) 电阻率及材料热传导率随温度的变化忽略不计；

(3) 电机内空气温度分布均匀，定子、转子、气隙及端部的空气温度相同；

(4) 接触热阻忽略不计，这是由于空芯 CPA 内各部件间通过环氧树脂粘结，不存在装配间隙，因而可以将树脂当成与之导热系数相近的复合材料一同建模；

(5) 电机结构沿圆周方向具有周期对称性，沿轴向关于中心截面两侧完全对称，因而可取半个极下电机模型作为求解域，将仿真模型简化为实际模型的 1/16 进行计算。

根据以上假设分析，建立脉冲发电机温度场，求解域模型和边界条件如图 4-3 所示。

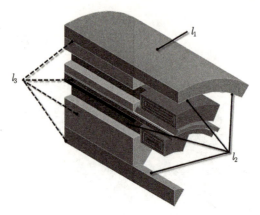

图 4-3 求解域模型和边界条件

图 4-3 中,l_1 区域为机壳表面,暴露在外部空气中,通过自然对流和辐射进行散热;l_2 区域为电机与内部空气接触的表面,如绕组端部,定转子轭端面,同心式绕组极与极之间的空隙等,这些区域通过自然对流或强迫对流与内部空气进行热交换,也是电机散热重要的组成部分;l_3 区域为对称面,这里设为绝热边界条件。

2. 绕组模型

建立绕组热分析模型时不可能对每根导线一一建模,必须对绕组模型进行等效简化。常用的等效绕组模型主要分为以下两种:

第一种方法根据实际绕组槽满率和浸渍情况将绕组、绝缘及空气等效成一个导热体,根据傅里叶定律计算等效导热体的平均导热系数。

这种方法建立的绕组模型简单,并能表达出一定的温度梯度。绕组在径向和周向上属于多层平面壁导热,等效导热系数可按下式求解:

$$\lambda_{\mathrm{eqr}} = \frac{\sum\limits_{i=1}^{n} \delta_i}{\sum\limits_{i}^{n} \dfrac{\delta_i}{\lambda_i}} \tag{4-4}$$

式中,λ_{eqr} 为绕组的径向等效导热系数,单位 W/(m·K);δ_i 为第 i 层材料的等效厚度,单位 m;λ_i 为第 i 层材料的平均导热系数 W/(m·K)。

在轴向上属于平行连接组合壁导热,可按下式求解:

$$\lambda_{\mathrm{eqa}} = \frac{\sum\limits_{i=1}^{n} \lambda_i S_i}{\sum\limits_{i=1}^{n} S_i} \tag{4-5}$$

4.1 脉冲发电机温度场分析

式中，λ_{eqa} 为绕组的轴向等效导热系数，单位 W/(m·K)；S_i 为第 i 层材料的等效面积，单位 m²；λ_i 为第 i 层材料的平均导热系数，单位 W/(m·K)。

由上两式可以看出，这种算法计算的绕组等效导热系数存在各向异性，轴向上的等效导热系数往往是径向和周向上等效导热系数的上百倍。在三维有限元模型中，各向异性材料在端部弯角处通常难以清晰表达，因此这种方法只适合于二维仿真模型，本模型中并不适用。

第二种方法是将绕组全部铜线等效地看成一个导热体，绕组所有绝缘材料等效成另外一个导热体，分别进行建模，这样便不存在导热系数各向异性带来的三维建模问题。然而，由于铜的导热系数很大，绝缘的导热系数很小，所以基于该方法的温度场计算结果，往往是整个等效铜导体的温度相同，等效绝缘材料的温度变化很大，温度梯度几乎全体现在几何尺寸较小的绝缘体上。若想准确地计算绕组温度，就必须细化绝缘体的网格，但同时也会增加仿真模型的复杂程度。

因此，综合以上两种方法的优缺点，根据实际绕组的体积和绕组内铜与环氧树脂及绝缘漆之间的比例关系，建立等效绕组仿真模型，如图 4-4 所示。绕组模型由三层铜导体和三层绝缘体组成，既可体现出绕组内一定的温度梯度，又没有过多增加模型的计算负担。

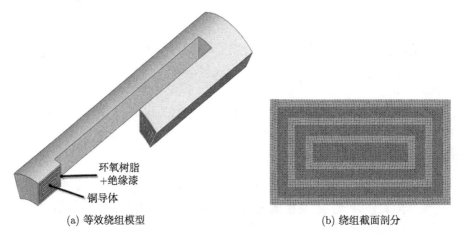

(a) 等效绕组模型　　　　　　　(b) 绕组截面剖分

图 4-4　等效绕组模型及剖分

3. 气隙等效模型

气隙作为电机定转子之间热交换的介质，在热分析模型中往往需要特殊处理。转子的旋转带动气隙内的空气流动，使得定子与气隙之间以及转子与气隙之间主要以对流方式进行热交换；气隙内的空气作为一种导热体，与定转子间存在传导热交换，气隙温度随电机运行不断升高，直至稳态。

有限元软件一般不能处理内边界条件,即在电机有限元模型中,如果建立气隙模型连接定转子,则无法在定子内缘和转子外缘施加对流换热边界条件。因此,如用有限元法计算电机温度场,常用的处理方法是将电机定、转子分开,在定子内缘和转子外缘施加对流边界条件,再分别进行热分析。然而,这种方法带来的另一个问题是气隙空气温度难以确定,需要结合 CFD 或实验测量结果加以确定。CFD 增加了模型的复杂度,并且需要较强的流体力学基础;实验测量法则无法在电机设计阶段得到应用,起不到指导电机设计的目的。

鉴于此,本书采用气隙有效导热系数法,用静止流体的导热系数来描述气隙中流动空气的热交换能力,即静止流体传递的热量和流动流体所传递的热量相等,这样可把旋转的转子视为静止不动处理。等效处理后,定转子间可以看成是完全通过气隙空气传导换热,不再需要施加对流边界条件,解决了软件不能处理内边界条件的问题。

有效导热系数可按下式求取:

$$\lambda_{\text{eff}} = 0.069 \cdot \eta^{-2.9084} \cdot Re^{0.4614 \cdot \ln(3.3361 \cdot \eta)} \tag{4-6}$$

式中,λ_{eff} 为气隙有效导热系数,单位 W/(m·K);

$$\eta = \frac{r_0}{R_i} \tag{4-7}$$

式中,r_0 为转子外半径,单位 m;R_i 为定子内半径,单位 m;

$$Re = \frac{r_0 \omega_m \delta}{v} \tag{4-8}$$

式中,Re 为雷诺数;ω_m 为转子旋转角速度,单位 rad/s;δ 为气隙长度,单位 m;v 为空气的运动黏度,单位 m²/s。

4. 表面传热系数确定

表面传热系数即散热系数,它的大小与对流传热过程中的许多因素有关。不仅取决于流体的物性以及换热表面的形状、大小与布置,而且还与流速有密切的关系。表面传热系数可表示为

$$h = f(u, \lambda, c_p, \rho, \eta, \gamma, T_f, T_w, L, \phi, \cdots) \tag{4-9}$$

式中,u 为流体的速度;λ 为流体的导热系数;c_p 为定压比热容;ρ 为密度;η 为流体的动力黏度;γ 为体积膨胀系数;T_f 为流体的温度;T_w 为散热壁面的温度;L 和 ϕ 为系统的特征尺寸和形状。

由式 (4-9) 可以看出,表面传热系数是一个受多变量控制的复杂函数关系,很难准确地进行理论计算,是温度场研究的一个难点问题。工程上一般采用经验公式

4.1 脉冲发电机温度场分析

法,在相似理论的指导下,通过实验建立起相似准则间的函数关系。本节参考感应电机和同步发电机的表面传热系数计算经验公式,并适当加以修正,计算空芯脉冲发电机各部件的表面传热系数。

1) 机壳表面传热系数

空芯 CPA 模型样机采用自然对流冷却方式,放电时绕组和补偿铝筒产生的热量,主要通过机壳表面的热对流和热辐射与周围环境进行热交换。根据相关电机制造经验,可将自然对流换热系数乘以修正系数,以表征对流和辐射的综合作用效果。常用电机表面特点及相应的表面传热系数如表 4-2 所示,其中,模型样机的机壳为仅喷漆的钢表面,因此相应的传热系数为 $16.7\text{W}/(\text{m}^2\cdot\text{K})$。

表 4-2 空气静止时的机壳表面传热系数

表面特点	$h/(\text{W}/(\text{m}^2\cdot\text{K}))$
仅喷漆的铸铁或钢的表面	16.7
涂油灰和漆的铁或钢的表面	14.2
铜的涂漆表面	13.3

2) 端部表面传热系数

如前文所述,为了补偿绕组端部的电枢反应,模型样机转子上的补偿铝筒一直延伸到主电枢绕组端部外缘。电机旋转时,端部受铝筒旋转作用,也处于强制对流换热状态。由于电机内不存在轴向通风,故可以参考全封闭感应电机端部散热系数计算公式。

根据流体相似性理论,对于强制对流散热来说,散热系数 h 可以通过下列公式求得

$$\begin{cases} h = \dfrac{Nu\lambda_a}{L} \\ Nu = a(Re)^b(Pr)^c \\ Re = \dfrac{vL}{v} \end{cases} \quad (4\text{-}10)$$

式中,Nu 为努塞尔数;Re 为雷诺数;Pr 为普朗特数;v 为特征速度,单位 m/s;L 为特征长度,单位 m;λ_a 为空气的导热系数,单位 $\text{W}/(\text{m}\cdot\text{K})$;$v$ 为空气的运动黏度,单位 m^2/s。

考虑到模型样机的转子端环上不含扇叶,故引入风扇效率的概念,雷诺数计算式中的特征速度项可以根据下式求得

$$v = \dfrac{2\pi n r_o}{60}\eta \quad (4\text{-}11)$$

式中,n 为转速,单位 r/min;η 为风扇效率,可通过实验修正。

A. 绕组端部表面传热系数

模型样机属于封闭式电机,内外气流不能流通,故端部绕组的散热条件较差,而端部绕组的内表面和外表面吹拂条件各不相同,因此,内、外表面分别用不同的准则方程描述。

绕组端部内表面:

$$Nu = 0.103 Re^{\frac{2}{3}} \tag{4-12}$$

绕组端部外表面:

$$Nu = 0.456 Re^{0.6} \tag{4-13}$$

式中,所用的特征长度 L 为相应绕组端部的等效直径,代入式 (4-10) 即可求得给定转速下,各绕组端部的表面传热系数。

B. 轭端面表面传热系数

定子轭端面主要通过机内空气的流动形成对流散热,散热系数不仅与表面气流速度有关,还有流动的状态有关。根据定子 Y2 系列感应电机的热交换经验公式,可以计算出定子轭部与机内空气的对流系数:

$$h = 15 + 6.5v^{0.7} \tag{4-14}$$

式中,v 为转子表面有效线速度,单位 m/s。

转子轭端面与机内空气也会产生对流换热现象,用准则方程表示为

$$Nu = 1.67 Re^{0.385} \tag{4-15}$$

式中,L 为转子外半径。

3) 绕组间的表面传热系数

如前文所述,模型样机的励磁绕组和次电枢绕组采用同心式绕组结构,绕组的线包与线包之间存在一定的空隙。在空隙处,绕组与电机内的空气进行对流换热,类似于电机的轴向通风沟。

对于定子次电枢绕组线包间的空隙,由于样机是完全封闭结构,不含任何外加冷却设备,因而可以认为其属于有限空间的自然对流换热,努塞尔准则数可根据下列式子求得

$$Gr = \frac{gL^3\gamma\Delta T}{v^2} \tag{4-16}$$

$$\begin{cases} Nu = 0.59(GrPr)^{0.25}, & 1.43 \times 10^4 \leqslant GrPr \leqslant 3 \times 10^9 \\ Nu = 0.0292(GrPr)^{0.39}, & 3 \times 10^9 \leqslant GrPr \leqslant 2 \times 10^{10} \\ Nu = 0.11(GrPr)^{0.33}, & GrPr > 3 \times 10^9 \end{cases} \tag{4-17}$$

式中，Gr 为格拉晓夫数；g 为重力加速度，单位 m/s²；L 为特征长度，单位 m；γ 为体积膨胀系数，$\gamma=1/(273+T_f)$，单位 1/℃；T_f 为流体的温度；ΔT 为流固温差，单位 ℃。

对于转子励磁绕组线包间的空隙，转子的旋转对这些"风沟"中的流体阻力和散热能够发生显著的作用，其效果与离心力和科赖奥来力对冷却介质流动所产生的影响有关，因而属于冷却介质不做强制流动时绕外部中心线旋转的风沟中热交换问题。

研究表明，即使空气经过风沟不做强迫流动，电机转子内有轴向风沟也会对温度场产生显著的影响。封闭这些风沟会使转子温度增加 10~12℃；定子温度增加 6~8℃。这种效果是因为转子旋转时，在轴向风沟内发生了空气对流运动。

绕组的热量经过"风沟壁"传给空气，使空气的温度升高，密度减小。在离心力的作用下，热空气被冷空气压向管子的下部，然后被大量新的预热气体所排挤，经"风沟"的开口端向外流出，形成对流。在它的作用下，被加热的轻气体流至与离心力作用相反的方向。这种效果与固定的预热短风沟内由于重力场作用而增强的自然对流相同。但是，离心加速度要比重力加速度大得多，因而旋转风沟内的自然对流比固定风沟内的自然对流也要激烈得多。

为了计算旋转风沟内的表面传热系数，可以应用自然对流条件下研究空气的散热时所得到的相似准则方程式：

$$\begin{cases} Gr^* = \dfrac{fL^3\gamma\Delta T}{\upsilon^2} \\ Nu = 0.47Gr^{*0.25} \end{cases} \tag{4-18}$$

式中，Gr^* 为传质格拉晓夫数。

$$f = \omega_m^2 r_o \tag{4-19}$$

式中，f 为离心加速度，单位 m/s²；ω_m 为转子旋转角速度，单位 rad/s；r_o 为转子外半径，单位 m。

利用本节所列出的各项表面传热系数计算公式，计算模型样机在设计转速 10000r/min 下，各部件的表面传热系数，如表 4-3 所示。

表 4-3　10000r/min 下各部件的表面传热系数 h (单位：W/(m²·K))

部件	次电枢绕组端部外表面	次电枢绕组端部内表面	主电枢绕组端部外表面	主电枢绕组端部内表面	励磁绕组端部外表面
h	164.47	89.14	174.06	93.45	200.01
部件	励磁绕组端部内表面	定子轭端面	次电枢绕组线包表面	转子轭端面	励磁绕组线包表面
h	104.92	108.4	11.82	62.36	59.62

4.1.4 空芯 CPA 温度场分析实例

本节以 1.1m 长轨道炮作为放电负载,对空芯 CPA 负载温度场进行仿真分析。仿真时,假设轨道炮为理想负载,连续发射弹丸时各项参数不变,系统能否实现连续放电运行仅取决于空芯 CPA 是否超过温度极限。

1. 电机内空气温度确定

电机内的空气温度是电机温度场计算时至关重要的一项参数,它不仅关系到流体的各项物性参数,更是作为热交换的第三类边界条件,直接影响着电机内的温度分布。然而,电机内的空气温度很难通过理论计算给出准确值,常规电机空气温度主要依靠工程经验给出;对于特种电机,则需要通过迭代计算。由于模型样机缺乏足够的实验依据,因此本书采用迭代法,以等效气隙的平均温度为目标,求解电机内的空气温度,求解流程如图 4-5 所示。

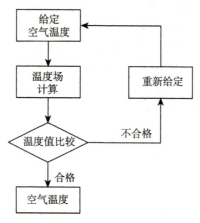

图 4-5　电机内空气温度计算流程图

(1) 给定初始空气温度值,并以该值确定空气的各项物性参数,求取各部件的表面传热系数;

(2) 以算得的表面传热系数和空气温度为边界条件,求解样机的温度场;

(3) 如前文所述,由于对气隙进行了等效处理,气隙空气不再是对流边界条件,而是作为模型中的一部分导热体,因而可求其平均温度;

(4) 比较给定的空气温度和等效气隙平均温度,相差超过 10%,需重新给定空气温度;相差在 10% 以内,迭代结束,最后给定的温度即为电机内温度。

2. 热源计算

由于模型样机采用全空芯结构,整台电机不含铁磁性材料,因而电机不存在铁耗。放电运行时,热源主要来自主电枢绕组放电电流产生的铜耗,补偿铝筒感应的

4.1 脉冲发电机温度场分析

涡流损耗，以及励磁绕组和次电枢绕组自激过程产生的铜耗。

1) 主电枢绕组及铝筒生热率计算

基于电磁场有限元法，算得 2ms 放电时间内，主电枢绕组的平均生热率为 $4.5\times10^8\text{W/m}^3$。然而，如果以此生热率作为脉冲热源进行温度场仿真时会遇到困难：当放电次数较多时，需要对仿真模型重复加载脉冲热源，仿真时间步长也会受到很大的限制，仿真效率较低。因此，本书采用简化方法，用一个放电周期内的平均生热率代替脉冲生热率，作为热源施加在绕组的仿真模型上。以放电周期 30s 为例，则应加在主电枢绕组模型上的一周期内平均生热率 h_{pa} 为

$$h_{\text{pa}} = \frac{4.5\times10^8\times2\times10^{-3}}{30} = 3\times10^4\text{W/m}^3 \tag{4-20}$$

同理可以算得放电周期为 30s 时，补偿铝筒一个放电周期内的平均生热率为 $9.7\times10^3\text{W/m}^3$。

2) 励磁绕组及次电枢绕组生热率计算

模型样机采用自激方式，自激电路如图 4-6 所示。自激开始时，电容器提供给励磁绕组一个种子电流，次电枢绕组在主磁场的作用下感应出正弦电压，通过带有电容滤波的单相全波整流电路引回励磁绕组，从而产生更大的直流励磁电流，形成正反馈，使励磁电流不断增大，最终达到额定励磁电流 200A。

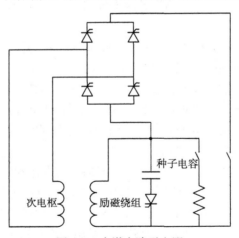

图 4-6 自激电路示意图

本书主要研究空芯 CPA 的温度场，因而对此复杂的自激过程进行了简化处理，忽略自激时励磁电流上升的过程，假设每次负载放电时，励磁时间按设计值 0.1s 计算，期间励磁电流恒为 200A，则励磁绕组一个放电周期内的平均生热率 h_{f} 为

$$h_{\text{f}} = \frac{\rho J^2 t_{\text{f}}}{T} \tag{4-21}$$

式中，ρ 为铜电阻率，单位 $\Omega \cdot m$；J 为电流密度，单位 A/m^2；t_f 为励磁时间，单位 s，这里为设计值 0.1s；T 为放电周期，单位 s。

在对自激过程做了简化假设之后，根据带有电容滤波的单相全波整流电路的原理，可以算得 0.1s 励磁时间内，次电枢绕组电流有效值为 221A。同理可以算得次电枢绕组一周期内的平均生热率。

根据以上分析，取 15s、30s、60s 三种 CPA 典型的放电周期，计算各绕组和铝筒一个放电周期内的平均生热率，归纳如表 4-4 所示。

表 4-4　一个放电周期内的平均生热率　　　　　　　（单位：W/m^3）

序号	周期/s	主电枢	次电枢	励磁	铝筒
1	15	6.0×10^4	1.80×10^6	1.74×10^6	1.93×10^4
2	30	3.0×10^4	8.99×10^5	7.36×10^5	0.97×10^4
3	60	1.5×10^4	4.49×10^5	3.68×10^5	4.83×10^4

3. 负载温度场计算

本小节基于模型样机温度场仿真模型，如图 4-3 所示，分析计算 15s、30s、60s 三种不同放电周期下空芯 CPA 的温度场。仿真按模型样机的设计转速 10000r/min 进行，此时各部件散热系数如表 4-1 所示。由于模型样机内的环氧树脂温度超过 100℃ 时会加速老化，所以应以此为温度上限，限制 CPA 的放电次数。仿真的初始温度假设为室温 25℃。

当负载放电周期为 15s 时，如图 4-7 所示，暂态仿真进行到 285s，即放电 19 次后，电机最热点次电枢绕组的温度超过 100℃，此时必须立即停机一段时间使电机冷却，才能继续负载放电。从温度分布云图上可以清晰地看出，电机内的温度分布十分不均匀，次电枢绕组和励磁绕组的温度明显高于其他部件，这是由于复合材料是热的不良导体，热导率很低，热源绕组难以得到有效的散热，热量随着放电次数增多不断在绕组内部积累，使绕组温度升高。

当放电周期为 30s 时，如图 4-8 所示，暂态仿真进行到 900s，即放电 30 次后，电机最热点次电枢绕组的温度达到 99.8℃，即将超过温度上限。相比图 4-7，此时温度分布要均匀一些，转子碳纤维绷带、补偿铝筒、等效气隙、主电枢绕组和定子玻璃纤维绷带的温度都有了明显的上升，与励磁绕组和次电枢绕组间的温差明显减小。

当负载放电周期为 60s 时，如图 4-9 所示，暂态仿真进行到 3120s，即放电 52 次后，电机最热点次电枢绕组的温度达到 99.8℃。相比于前两种工况，此时电机内温度分布更加均匀，电机内温度最低点也达到 46.2℃，热源绕组散热更加充分，放电次数也得到了明显的提高。

4.1 脉冲发电机温度场分析

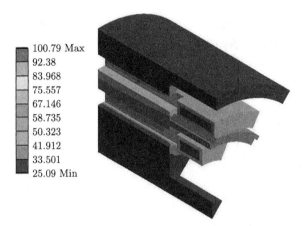

图 4-7　周期 15s 时，19 次放电后 (285s) 空芯 CPA 温度分布云图 (后附彩图)

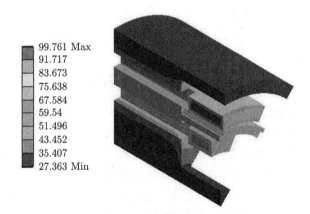

图 4-8　周期 30s 时，30 次放电后 (900s) 空芯 CPA 温度分布云图 (后附彩图)

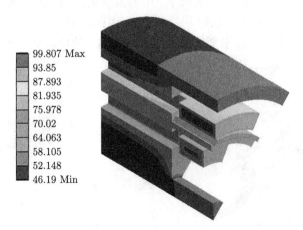

图 4-9　周期 60s 时，52 次放电后 (3120s) 空芯 CPA 温度分布云图 (后附彩图)

将负载运行时间折算成放电次数,绘制如图 4-10 所示的关系曲线,可以更加清晰地表达不同放电周期下,放电次数与绕组最热点温度的关系。可以分析出,随着放电周期增大,放电脉冲与脉冲之间的间隔增大,绕组散热的时间变长,因而达到温度极限所需的脉冲数也增多,即空芯 CPA 允许的负载放电次数随着放电周期的增大而增大。

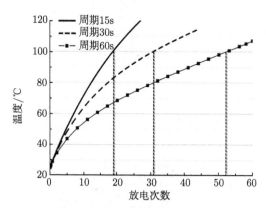

图 4-10　不同放电周期下,放电次数与绕组最热点温度的关系曲线

从图中还可以看出,随着放电周期的增大,绕组最热点温升的斜率明显下降,当周期为 60s 时,绕组温度随放电次数增加逐渐接近稳态。据此可以推断,当放电周期继续增大到某一值时,绕组温度可以在 100℃ 的温度极限下达到稳态,即此温度下,绕组在放电瞬间产生的热量,在放电间隔可以完全散去。

根据以上分析,继续提高放电周期,对负载时的空芯 CPA 温度场仿真模型进行稳态分析,直至稳态时绕组最热点温度低于 100℃ 的温度极限。计算表明,当放电周期升高至 120s 时,如图 4-11 所示,电机温度达到稳态时,绕组最热点温度为 98.6℃,低于环氧树脂的温度极限。这说明,应用此模型样机作为一台理想的 1.1m 长轨道炮负载的脉冲电源,若想实现连续发射弹丸,放电周期必须大于 120s。

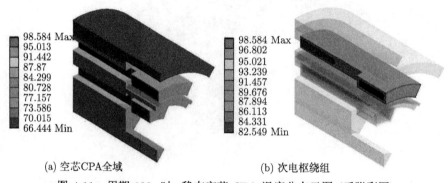

(a) 空芯CPA全域　　　　　　　　(b) 次电枢绕组

图 4-11　周期 120s 时,稳态空芯 CPA 温度分布云图 (后附彩图)

4.2 脉冲发电机冷却计算基础

4.2.1 计算流体动力学基础

冷却系统内发生着共轭传热现象,即水对热源绕组进行冷却的同时,也要受热升温,水温从入口到出口沿程逐渐升高,绕组温度与冷却水温度互相影响,因此单独从传热学的角度难以对此问题进行求解。本节基于 CFD,利用仿真软件 Ansys CFX 建立冷却结构的仿真模型,从流体与传热共轭的角度对冷却结构进行设计,下面简要介绍计算流体动力学基础及基本流体控制方程。

1. 计算流体动力学概述

CFD 是通过计算机数值计算和图像显示,对包含有流体流动和热传导等相关物理现象的系统所做的分析。CFD 的思想可以归结为:把原来在时间域及空间域上连续的物理量场,如速度场和压力场,用一系列有限个离散点上的变量值的集合来代替,通过一定的原则和方式建立起关于这些离散点上场变量之间关系的代数方程组,然后求解代数方程组获得场变量的近似值。

CFD 可以看成是流体基本方程控制下对流动的数值模拟。通过这种数值模拟,可以得到极其复杂问题的流场内各个位置上的基本物理量(如速度、压力、温度、浓度等)的分布,以及这些物理量随时间的变化情况。

2. 流体动力学控制方程

流体流动要受物理守恒定律的支配,基本的守恒定律包括:质量守恒定律、动量守恒定律和能量守恒定律。控制方程(governing equations)是这些守恒定律的数学描述。

1) 质量守恒方程

任何流动问题都必须满足质量守恒定律。该定律可表述为:单位时间内流体微元体中质量的增加,等于同一时间间隔内流入该微元体的净质量。按照这一定律,可以得出质量守恒方程:

$$\frac{\partial \rho}{\partial t} + \frac{\partial (\rho u)}{\partial x} + \frac{\partial (\rho v)}{\partial y} + \frac{\partial (\rho w)}{\partial z} = 0 \qquad (4\text{-}22)$$

式中,ρ 为密度;t 为时间;u、v 和 w 为速度矢量在 x、y 和 z 方向的分量。

2) 动量守恒方程

动量守恒定律也是任何流体系统都必须满足的基本定律。该定律可表述为:微元体中流体的动量对时间的变化率等于外界作用在该微元体上的各种力之和。该

定律实际上是牛顿第二定律。对于牛顿流体,动量守恒方程为

$$\frac{\partial(\rho u)}{\partial t} + \mathrm{div}(\rho u\boldsymbol{u}) = \mathrm{div}(\mu \mathrm{grad} u) - \frac{\partial p}{\partial x} + S_u \qquad (4\text{-}23\mathrm{a})$$

$$\frac{\partial(\rho v)}{\partial t} + \mathrm{div}(\rho v\boldsymbol{u}) = \mathrm{div}(\mu \mathrm{grad} v) - \frac{\partial p}{\partial y} + S_v \qquad (4\text{-}23\mathrm{b})$$

$$\frac{\partial(\rho w)}{\partial t} + \mathrm{div}(\rho w\boldsymbol{u}) = \mathrm{div}(\mu \mathrm{grad} w) - \frac{\partial p}{\partial z} + S_w \qquad (4\text{-}23\mathrm{c})$$

式中,p 为流体微元上的压力;S_u、S_v 和 S_w 为动量守恒方程的广义源项。

式 (4-23) 是动量守恒方程,简称动量方程,也称作运动方程,还称为 Navier-Stokes 方程。

3) 能量守恒方程

能量守恒定律是包含有热交换的流动系统必须满足的基本定律。该定律可表述为:微元体中能量的增加率等于进入微元体的净热流量加上体力与面力对微元体所做的功。该定律实际是热力学第一定律。

$$\frac{\partial(\rho T)}{\partial t} + \mathrm{div}(\rho \boldsymbol{u} T) = \mathrm{div}\left(\frac{k}{c_p}\mathrm{grad} T\right) + S_T \qquad (4\text{-}24)$$

式中,c_p 为比热容;T 为温度;k 为流体的传热系数;S_T 为流体的内热源及由黏性作用流体机械能转换为热能的部分。

综合各基本方程式 (4-22)、式 (4-23a)、式 (4-23b)、式 (4-23c)、式 (4-24),发现有 u、v、w、p、T 和 ρ 六个未知量,还需要补充一个联系 p 和 ρ 的状态方程,方程组才能封闭:

$$p = p(\rho, T) \qquad (4\text{-}25)$$

CFD 正是通过求解上述流体基本控制方程,从而对复杂流场进行数值模拟。

4.2.2 Ansys CFX 流场计算的主要步骤

CFX 是 Ansys 公司旗下的一款流体分析软件,和大多数 CFD 软件不同的是,CFX 除了可以使用有限体积法之外,还采用了基于有限元的有限体积法,吸收了有限元法的数值精确性。其主要计算的基本步骤如图 4-12 所示。

1. 创建几何模型

利用 CAD 软件,创建几何模型,使之可以清楚简洁地表达所要分析的问题,并尽量利用模型的对称性简化计算。

4.2 脉冲发电机冷却计算基础

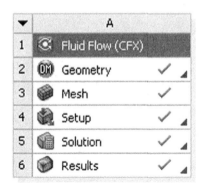

图 4-12　Ansys CFX 流场分析基本步骤

2. 划分计算网格

CFD 分析流场时，需要利用网格在空间域上离散控制方程。网格可以分为结构网格和非结构网格两大类。结构网格在空间上比较规范，网格往往是成行成列分布的，行线和列线比较明显。而对于非结构网格，在空间分布上没有明显的行线和列线。

Ansys CFX 配有专用的网格生成工具 CFX-Mesh，可以划分四面体非结构网格，还可以接收其他软件产生的网格文件，例如，专用网格剖分软件 ICEM CFD。

3. 前处理 (CFX-Pre)

前处理是 Ansys CFX 流场计算中最为重要的一个环节，它包括确定流体域，设置材料特性，设置边界条件，选择求解器及运行环境，调整用于控制求解的有关参数，初始化流场等。

对于流场与温度场的共轭计算问题，需要设置两个求解域 (domain)，一个固体求解域代表发热绕组，另一个流体求解域代表冷却水。同时，还需要在绕组模型上设置子域 (subdomain)，以加载热源。

4. 求解 (CFX-solver)

通过观察求解过程中相关变量的变化率，可以监视求解的收敛性及稳定性。这些变量包括速度、压力、温度、动能等湍流变量。

5. 后处理 (CFD-Post)

显示求解结果，包括流线图、温度、压力和速度的分布云图，以及暂态仿真各变量随时间的变化曲线。

4.2.3 电机冷却方式

按冷却介质,电机的冷却方式主要分为空气冷却、氢冷却、水(油)冷却、蒸发冷却以及超导电机,其中根据冷却方式相对于热源的作用位置,又可将各种介质分为内冷式和外冷式。几种冷却方式的热负荷如表 4-5 所示。

表 4-5 不同冷却方式的热负荷

冷却方式	空冷	氢外冷	氢内冷	水内冷
定子电密 $J_1/(\text{A}/\text{mm}^2)$	2.5~3.5	3.5~4.5	6~8	8~12
线负荷 $AS/(\text{A}/\text{cm})$	500~600	600~800	1000~1300	1800~2400
$AS \cdot J_1$	1600~2000	2100~3600	500~9000	12000~25000
转子电密 $J_2/(\text{A}/\text{mm}^2)$	3~5	4~4.5	5~8	8~12
定子热负荷 $q_1/(\text{W}/\text{cm}^2)$	0.4~0.5	0.7~1	1.2~2.4	3~5

1. 空冷

空气冷却安全可靠,无腐蚀无危险,成本较低,但从上表可以看出,冷却效果较差,并且在电机中引起的风摩损耗较大,会对高速运行的脉冲发电机的效率产生不利影响。

2. 氢内冷

在实芯铜线中夹进若干空芯不锈钢管,或绕组改用空芯铜线制成,让氢气从中流过以导出铜线热量,这即为氢内冷。由于密度小热导率大,氢气的流动阻力小,散热效果好,在相同气压下,氢气冷却的通风损耗与风摩损耗均为空气的 1/10,提高了电机的冷却效率,是应用较为广泛的一种冷却方式。

3. 水内冷

液体的比热、导热系数比气体大,所以液冷的散热能力较气冷大为提高。水是很好的冷却介质,它具有很大的比热和导热系数,允许承受的电磁负荷比空冷和氢冷高,并且内冷方式可以直接作用于发热部件,冷却效果极为显著,是一种理想的空芯脉冲发电机冷却方式。

4. 蒸发冷却

蒸发冷却方式是利用冷却介质液体汽化吸热的原理来进行电机冷却的。蒸发冷却从原理上说是一种最高效的冷却方式,汽化热量大,所需流量小,绕组各部分之间温差小,因此成为目前冷却技术的新方向。但目前蒸发冷却尚处于研究试制阶段,本身还存在一些技术问题,缺乏长期运行考验。

5. 超导电机

与前述几种冷却方式不同，超导电机本质上是从减小电机损耗角度解决电机内的发热问题的。采用超导技术的电机，具有体积小、质量轻、损耗低和效率高等一系列优点，随着第二代高温超导带材料 YBCO 的发展，高温超导电机的制造工艺和运行条件的难度逐渐降低，成本控制更加合理，具有很好的发展前景。

由于高能量密度对电机高速的需求，为了降低风摩损耗，高速空芯脉冲发电机不宜采用空冷和氢冷方式，必要时还需要进行抽真空处理；蒸发冷却与超导电机的主要问题在于成本和技术成熟度；水内冷可以直接对过热绕组进行主动冷却，是脉冲发电机理想的冷却方式，可作为空芯脉冲发电机的首选冷却方案。

4.3 脉冲发电机的冷却设计

从 4.1.4 节的分析可知，复合材料极低的导热系数和模型样机的自然对流冷却结构，极大地限制了空芯 CPA 的放电次数和放电频率。从温度分布图亦可以清楚看出，热源绕组的温度明显高于其他部件，复合材料的隔热性严重地影响了热源绕组的散热，因此，常用于中小型感应电机和永磁同步电机中的冷却结构，如风外冷，水外冷等结构并不适合于空芯 CPA。若想实现连续放电运行，必须直接冷却空芯 CPA 的发热绕组。本节参考大型汽轮发电机的水内冷冷却结构，为模型样机设计了两种主动冷却结构，并进行了仿真分析。两种冷却结构均针对温升最高的次电枢绕组设计，假设其工作周期为 30s。

4.3.1 主动冷却结构 1

冷却结构 1 模型如图 4-13 所示，在缠绕次电枢绕组时，将 6 匝外径 6mm 内径 5mm 的不锈钢水管均匀放置在绕组内部。由于模型样机绕组长度较小，这里采用串联水路，既能满足冷却要求，又能简化工艺结构。

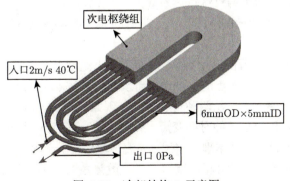

图 4-13　冷却结构 1 示意图

仿真计算时，对绕组模型进行了等效处理，将绕组铜线、绝缘漆及环氧树脂等效成一个导热体，并将该等效绕组设置为固体求解域；同时，忽略了不锈钢管的厚度，将管内冷却水设为流体求解域。因为要求解温度，所以两个求解域均需要激活能量守恒方程 (thermal energy)。在水管的入口处设置进口边界条件，这里设为恒流速 2m/s，同时将入口水温设为 40℃；在水管的出口处设置出口边界条件，恒压 0Pa；模型中的其他边界面采用默认设置，即固定壁面边界条件。湍流模型选择标准 k-epsilon 模型。

冷却结构 1 稳态绕组温度分布如图 4-14 所示，可见绕组截面温度分布均匀。最热点在绕组的表面上，温度为 71.53℃，这个温度低于环氧树脂的极限温度，并留有一定域量。说明在此冷却结构下，次电枢绕组可以按 30s 的放电周期连续放电运行。

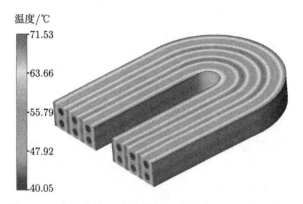

图 4-14　冷却结构 1 稳态绕组温度分布云图 (后附彩图)

利用 Ansys CFX 软件的后处理功能，还可以得出一些其他有益结论：冷却水流过发热的绕组后，沿程水温不断升高，水温从入口 40℃ 升高到出口的 41.56℃；同时由于受热加速作用，水流速也从入口 2m/s 升高到 2.46m/s；整个冷却管压降为 48kPa；相对绕组的平均对流换热系数为 11680W/(m²·K)。

以冷却水流速为变量对冷却结构 1 进行仿真分析，绕组最热点温度与水流速的关系如图 4-15 所示。

从图中可以清晰地看出，水流速对绕组最热点温度有直接的影响，绕组温度下降趋势以速度 1.5m/s 为拐点明显变缓，当水流速超过 2m/s 时，其对绕组最热点温度的影响基本不变。可以从两种角度对这一现象给出合理解释。首先，随着流速的升高，冷却水在管内加热的时间变短，沿程温度升高变小，绕组的温度也随之减小。其次，从流体力学的基本理论出发，当流速较低时，管内雷诺数小于下临界雷诺数，管内流动形态为层流，相对绕组的对流散热系数较小，绕组温度较高；当流速继续升高到某一值时，如 1.5m/s，可以算得此时的雷诺数为 15800，大于上临界雷诺数 13800，流体进入湍流状态，对流换热系数急剧增加，绕组最热点温度明显降低；当流速继续升高时，由于流体形态已发展完全，对绕组的散热作用不再起决定性作用，因而最热点温度接近稳态。因此，本书设计冷却结构 1 的入口水流速为 2m/s，既可以保证绕组温度维持在较低值，又不增加水泵的负担。

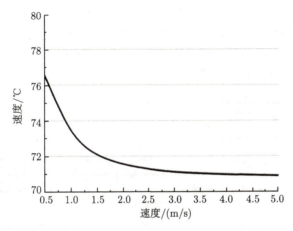

图 4-15 冷却结构 1 绕组最热点温度与水流速关系

4.3.2 主动冷却结构 2

冷却结构 2 示意图如图 4-16 所示，以外径 3mm 内径 1.5mm 的细空芯铜管取代漆包线缠绕次电枢绕组，类似于大型汽轮发电机绕组的水内冷冷却方式，去离子水流过空芯铜管，带走自激过程中绕组产生的热量。绕组匝数从 250 匝降为 32 匝，为了维持磁势不变，流过铜管的电流有效值从 221A 提高到 1727A，相应的绕组生热率也升高至 $6.096\times10^6\text{W/m}^3$。

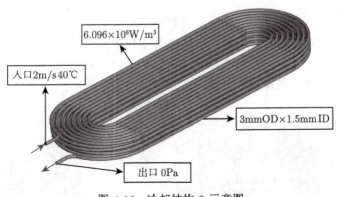

图 4-16 冷却结构 2 示意图

对冷却结构 2 进行稳态共轭 CFD 仿真分析,将空芯铜导体设为固体求解域,管内冷却水设为流体求解域。边界条件与冷却结构 1 设置相同:入口流速为 2m/s,水温为 40℃;出口水压为 0Pa;k-epsilon 湍流模型。

在对仿真模型划分网格时,需要进行特殊处理,这是因为该流体模型属于细而长的管道问题,径向长度很小 (直径仅 1.5mm),而轴向长度却很大 (约 16m)。由于非结构四面体网格的长径比增大时,网格质量明显下降,得到的解也很不准确,因此若要使用四面体网格处理此问题时,就必须增加节点数量和单元数量,这样剖分和计算所需的时间和占用的计算机内存又大大增加。如果采用结构网格的六面体剖分,轴向上节点之间的距离可以适当增加,而径向上对流体边界层又可以适当细化,保证了计算精度,又节约了计算和剖分时间。两种剖分方法的示意图如图 4-17 所示。

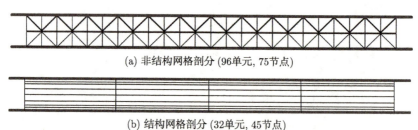

(a) 非结构网格剖分 (96单元, 75节点)

(b) 结构网格剖分 (32单元, 45节点)

图 4-17 结构网格与非结构网格剖分对比

对比上两图可以看出,在轴向上因为水温水压等物理量变化不大,因此节点可以适当减少。采用六面体网格时,轴向上节约了节点数量,径向上又对边界层加密,得出的单元数量和节点数量都远小于非结构网格剖分的结果。不仅如此,从计算流体力学的原理出发,采用结构网格的单元,迭代方程更加简单,计算结果更加精确。

综上所述,本书采用专业网格划分软件 Ansys ICEM CFD,对冷却结构 2 进行六面体结构网格划分,网格划分结果如图 4-18 所示,单元数为 940652,节点数为 813566。软件自身评价的网格质量如图 4-19 所示,可见各单元的网格质量均大于 0.4(一般认为网格质量大于 0.3,即符合工程计算要求)。

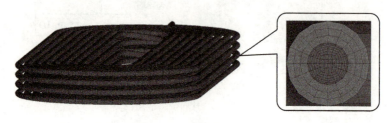

图 4-18 网格划分结果

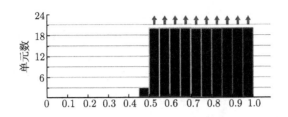

图 4-19 软件自身评价的网格质量

冷却结构 2 稳态绕组温度分布如图 4-20 所示,在冷却水出口处,绕组的温度升高至 81.9℃,能够满足冷却设计要求,可以实现连续放电运行。利用软件的后处理功能还可以算得:冷却水出口水流速为 2.31m/s;整个冷却管压降为 0.9MPa;对绕组的平均对流换热系数为 14750W/(m²·K)。

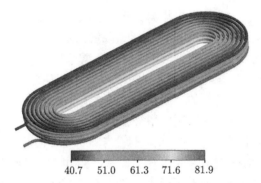

图 4-20 冷却结构 2 稳态绕组分布云图 (后附彩图)

同样,以冷却水流速为变量对冷却结构 2 进行仿真分析,绕组最热点温度与水流速的关系如图 4-21 所示。

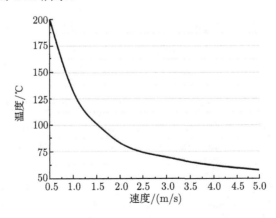

图 4-21 冷却结构 2 绕组最热点温度与水流速关系

从图中可以看出，对于冷却结构 2，水流速对绕组最热点温度的影响更大，这主要是因为冷却结构 2 的水路更长，水流速直接影响冷却水流过发热绕组的时间，随着流速升高，冷却水沿程的受热时间变短，温升随之减小，绕组的最热点温度也明显降低。本书根据以上分析结论，设计冷却结构 2 的入口水流速为 $2m/s$，保证其工作在极限温度以下，又不致因流速过高而加快磨损铜管。

4.3.3 两种冷却结构的比较

从仿真结果可以看出，当放电周期为 30s 时，两种冷却结构都能满足次电枢绕组连续放电运行的设计目标。相比之下，冷却结构 1 没有改变原有的绕组结构，结构更加简单，更容易实现；同时，不锈钢管只通水不导电，因而可以不必考虑绝缘问题。但是结构 1 在原有绕组的基础上增加了不锈钢管和冷却水，绕组的体积和质量也随之变大，通过计算可得，内插不锈钢管冷却的绕组体积增加了 17.7%，质量增加了 13%。冷却结构 2 用空芯铜管代替了细漆包线，绕组匝数减少，截面积增大，使得次电枢绕组的电感和电阻都明显降低，对建立自激过程更加有利；不仅如此，结构 2 绕组的质量也有了明显的降低，计算表明，单个次电枢绕组的线圈质量从 2.48kg 降低到 1.35kg，降幅高达 45.5%，这对提高脉冲发电机的功率密度非常有意义。但是，由于结构 2 的空芯铜管既通水又导电，因而系统需要额外加入去离子装置；另外，空芯铜管的绕制成型等工艺制造也更加复杂，运行时还需实时监控冷却水的电导率，长期运行还需考虑铜管内的水垢等问题。

综上所述，两种冷却结构各有利弊，本书仅提出了冷却系统的设计思想，并重点阐述了仿真计算的方法，具体设计及制造工艺还需针对实际的 CPA 样机具体问题具体分析。

参 考 文 献

[1] 魏永田, 孟大伟, 温嘉斌. 电机内热交换. 北京：机械工业出版社, 1998: 5-13.

[2] 陈世坤. 电机设计. 北京：机械工业出版社, 2000: 133-134.

[3] 王福军. 计算流体动力学分析——CFD 软件原理与应用. 北京：清华大学出版社, 2004: 1-23.

[4] А. И. 鲍里先科. 电机中的空气动力学与热传递. 北京：机械工业出版社, 1985: 114-124.

[5] Ball K S, Farouk B, Dixit V C. Experimental study of heat transfer in a vertical annulus with a rotating inner cylinder. International Journal of Heat and Mass Transfer, 1989, 32(8): 1517-1527.

[6] Hatziathanassion V, Xypteras J, Archontoulakis G. Electrical-thermal coupled calculation of an asynchronous machine. Archiv fur Elektrotechnik Berlin, 1994, 77(2): 117-122.

[7] 曹君慈, 李伟力, 程树康. 复合笼条转子感应电动机温度场计算及相关性分析. 中国电机工程学报, 2008, (30): 96-103.
[8] 杨菲. 永磁电机温升计算及冷却系统设计. 沈阳工业大学硕士学位论文, 2007.
[9] 黄国治, 傅丰礼. Y2 系列三相异步电动机技术手册. 北京: 机械工业出版社, 2005: 138-152.

第5章 脉冲发电机力学性能

脉冲发电机 (CPA) 通常工作在高转速下,来获得更高的惯性储能和电枢绕组反电势,从而获得更高的储能密度和功率密度,因此 CPA 承受极高的机械应力。而且,脉冲放电时,励磁电流和放电电流幅值都极高,电机内瞬时产生极强的磁场,电机内部分组件承受极大的瞬时电磁力,直接威胁着 CPA 的安全,因此,必须对其进行机械应力和电磁应力的分析及对关键部件强度进行分析及校核。具有高强度密度比的纤维树脂复合材料的引入,使得空芯 CPA 的质量减轻,转速提高,从而大幅提高了能量密度和功率密度。但是由于纤维树脂复合材料的机械特性具有各向异性的特点,纤维的横向强度远低于纵向强度,需要对脉冲发电机进行安全评估,合理地设计参数[1-15]。

5.1 脉冲发电机力学性能的分析理论

CPA,作为一种惯性储能旋转电机,其力学性能分析包括机械应力分析和电磁应力分析。为了获得 CPA 受力分析的一般规律,首先需要对机械应力和电磁应力的来源和计算方法进行深入研究。对 CPA 的力学研究,在初期设计上主要是以安全校核为主,如果想更深入地了解 CPA 的振动和噪声,不仅需要对电机所受的总的力和力矩进行计算和校核,而且还要分析电机内力密度的分布,从而实现优化设计。

电机的机械应力分析和强度理论研究,主要是针对大型水轮发电机和汽轮发电机。电机机械应力分析主要包括电机强度校核,零部件许用应力分析和材料力学在电机设计中的应用。尽管在尺寸上,CPA 小于大型的水轮发电机和汽轮发电机,但是由于 CPA 高速运行,脉冲功率峰值同大型发电机额定功率相当,零件所承受的瞬时冲击同样很大,需要对其内部零件进行应力分析和强度校核。铁芯 CPA 的转子力学性能,包括转子铁芯配合公差的选择、电机松脱转速和转子临界转速的计算等,与常规铁芯电机类似,属于电机力学分析的共性问题,在此不做介绍,仅分析空芯 CPA 的力学性能。

5.1.1 脉冲发电机的机械应力

高速旋转的脉冲发电机转子受到极大的离心力作用,可能造成转子轭分层,及补偿脉冲发电机的补偿筒变形、环氧树脂开裂等严重后果,因此有必要针对离心力作用下的转子强度进行分析。在材料力学中，强度通常指零件内部受力达到材料的屈服极限，所发生的断裂或者塑性变形。而电机结构件的"强度"定义与其不同，是指电机工作时，电机结构件在受力情况下产生的形变，即使仍处在弹性范围内，结构件本身并没有发生断裂或者塑性形变，但电机已经不能正常工作，也定义为电机结构件的强度失效。下面对脉冲发电机内高危部件的强度失效标准进行了定义。

1. 补偿筒"强度"

在空芯 CPA 中，补偿筒通过环氧树脂粘结在转子外侧，通过中间的黏结层传递两者之间的转矩，例如，高速旋转使得黏结层内部应力增大，达到树脂的屈服极限，补偿筒同转子脱开，同铁芯机一样，转子失效，电机不能正常工作。尽管上述两种情况下，补偿筒内部应力可能均小于其材料的屈服极限，补偿筒没有断裂，但是电机结构件已经出现故障，无法正常工作或发生危险。因此电机内部分结构件的强度不同于材料力学中研究的材料的强度概念，而是限定结构件的形变在一定范围内。

2. 空芯转子轭"强度"

在空芯 CPA 中，电机定转子轭为纤维环氧树脂复合材料绕成的圆柱体。纤维材料为强度各向异性的材料，材料的纵向强度很大，而横向强度较小。通过对沿环向方向绕成的复合材料体进行受力分析，可知，如果复合材料达到一定厚度，高速旋转时径向应力就会超过纤维的径向强度，而造成分层，尽管整个复合材料轭没有发生断裂，但由于分层，已经无法可靠传递转矩，转子失效无法正常工作或发生危险。

3. 环氧树脂黏结层的强度

由于碳纤维环氧树脂复合材料难以承受铝筒热套所需的几百摄氏度的高温，且由于低温冷却设备昂贵，操作复杂，铝补偿筒与碳纤维环氧树脂绑带之间的配合采用间隙配合，中间涂以环氧树脂，增加黏结强度，空芯转子如图 5-4 所示。装配好以后的转子在旋转时，由于补偿筒比转子的半径略大，所以高速旋转时，补偿筒所受的离心力将大于整个转子，而整个转子外径扩大的变形相比筒的内径相当小，转速越高，这两种变形的差值越大，如果变形所产生的应力在环氧树脂的弹性范围内，则各个套件之间不会相互脱离，转子没有失效，CPA 可以继续放电。如果环氧树脂层内应力超过其许用应力极限，补偿筒和整个转子脱离接触，转子失效。

5.1.2 脉冲发电机的电磁应力

当电枢中流过电流的时候，在电机内磁场的作用下，电枢绕组所受到的力称为电磁力。在 CPA 放电过程中，电枢绕组内的电流是变化的，通常在绕组电流达到峰值的时候，绕组所受到的应力也达到最大值。较大的电磁应力对绕组绷带，定子绷带以及绕组和复合材料轭之间的强度提出了较高的要求。

5.2 脉冲发电机的应力研究方法

5.2.1 机械应力的研究方法

1. 解析方法

空芯 CPA 高速旋转时的主要机械问题是，不同复合材料层，或者复合材料同补偿筒之间可能因高速时离心力过大，产生径向分层问题，因此本节重点阐述空芯 CPA 转子层间应力的计算方法，来校核转子高速旋转时是否会发生分层问题。

空芯 CPA 的转子可以看成是多个圆筒套装而成的结构，基于轴向对称性，可以将其等效成二维平面模型进行分析，基于弹性力学中厚壁圆筒的基本理论，以一个空间旋转圆筒为例，对机械应力的解析分析方法进行介绍。

针对圆筒结构中的一个微元，进行受力分析，如图 5-1 所示，圆筒内径为 R_1，外径为 R_2，圆筒厚度为 h，微元径向长度为 $\mathrm{d}r$，周向长度为 $\mathrm{d}\varphi$。

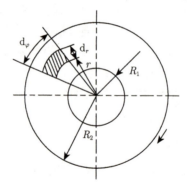

图 5-1 圆筒结构中的微结构体受力

假设圆盘不受轴向应力，且高速旋转时，圆盘仅发生径向应变，无内部剪应力和剪应变，仅受到径向正应力 σ_r 和周向正应力 σ_φ，两者均为 r 的函数。求得径向正应力 σ_r 和周向正应力 σ_φ 为

$$\begin{cases} \sigma_r = \dfrac{E}{1-\mu^2}\left[(1+\mu)C_1 - (1-\mu)\dfrac{C_2}{r^2} - \dfrac{1}{8}(3+\mu)(1-\mu^2)\dfrac{\rho\omega^2 r^2}{gE}\right] \\ \sigma_\varphi = \dfrac{E}{1-\mu^2}\left[(1+\mu)C_1 + (1-\mu)\dfrac{C_2}{r^2} - \dfrac{1}{8}(3\mu+1)(1-\mu^2)\dfrac{\rho\omega^2 r^2}{gE}\right] \end{cases} \quad (5-1)$$

式中，E 为材料的弹性模量；μ 为泊松比；ρ 为质量密度；ω 为旋转角速度；C_1、C_2 为积分常数，根据 σ_r、σ_φ 在圆筒内外缘的边界条件求得。

5.2 脉冲发电机的应力研究方法

基于式 (5-1)，给高速旋转的圆筒赋予不同的材料属性及不同的边界条件时，即可以得到圆筒内部任意位置处的应力分布，但该方程是针对各向同性材料而言的，对于具有各向异性性质的转子轭，需对方程进行一定的调整，但解析求解方法的核心思想都是基于公式。

2. 有限元方法

结构分析的有限元方法是由一批工业界和学术界的研究者在 20 世纪 50 年代到 60 年代创立的。应用有限元方法进行结构分析时的主要步骤包括：结构离散化，即将原结构人为划分为若干个子区域 (单元)，这些单元通过有限个节点相互连接；选择位移插值函数，即将单元内任意一点的位移表示为节点位移的插值，并整理成矩阵形式表示；单元分析，计算单元刚度矩阵以及等效节点载荷向量；整体分析，约束处理，即将单元刚度矩阵以及载荷向量组集，并引入约束条件，消除刚体位移，建立结构近似平衡微分方程；求解平衡方程并计算单元应力。其中，结构离散化以及约束处理是通过分析人员的思考，并手工操作完成的，网格质量的好坏以及约束条件是否正确直接影响到最后的分析计算结果，其余的各步骤都可以通过大型通用软件的强大功能自动完成，而进行模型离散化并对所分析的结构做适当的简化处理，这两项工作占整个有限元分析时间的 80% 到 90%。

目前结构分析常用大型通用有限元软件 ADINA、ABAQUS、ANSYS、MSC/Marc、MSC/Nastran 等，本书以 ANSYS/Workbench 为例，对应用有限元软件解决机械应力问题的过程进行介绍。图 5-2 为 Ansys Workbench 结构分析基本步骤。

图 5-2 Ansys Workbench 结构分析基本步骤

模拟分析过程包括：①模型及材料属性，②接触类型，③分析设置，④环境，如载荷和约束，⑤求解模型，⑥结果和后处理。

1) 模型及材料属性

模型包括几何模型的建立及有限元模型的划分。几何模型的建立可以基于有限元软件自带功能，也可利用三维画图软件进行模型的建立。针对本书复杂的转子结构,建立几何模型时,应只根据各个零件对整个结构的目标性能所起到作用的不同来对其几何模型进行取舍,同时考虑到分析的内容,对零部件的形状做相应简化。材料属性包括定义各零部件的弹性模量、泊松比、密度,热膨胀系数是材料参数。

2) 接触类型

配合面间的接触类型有:绑定、不分离、无摩擦、粗糙、摩擦接触,根据各零部件间的配合关系,进行接触设置。

3) 分析设置

分析设置中提供了一般的求解过程控制,求解步控制:人工时间步控制和自动时间步控制,指定分析中的分析步数目和每个步的终止时间,在静态分析里的时间是一种跟踪机制;求解控制:直接求解和迭代求解。

4) 环境

给分析模型添加载荷和约束,载荷和约束是以所选单元的自由度的形式定义的。载荷类型有:惯性载荷,这类载荷施加在整个模型上,计算时需要知道材料密度,指施加在定义好的质量点上的力;结构载荷:施加在系统部件上的力或力矩;结构约束:防止在某一特定区域移动的约束;热载荷:热载荷会产生一个温度场,使模型中发生热膨胀或热传导。

5) 求解模型

对模型进行求解。

6) 结果和后处理

查看分析结果及对结果进行后处理,在后处理中可以得到多种不同的结果:各个方向变形及总变形,应力应变分量,主应力应变或者应力应变不变量等。

5.2.2 电磁应力的研究方法

1. 解析方法

CPA 作为一种机电能量转换部件,依靠电磁力和电磁转矩进行机电能量转换。电磁力的计算理论是进行电磁力分析的基础。根据热力学第一定律,对于一个系统,在两个不同的状态之间,系统内能的变化等于电磁力所做的功,系统的焦耳热,以及外界通过表面给系统施加的能量之和。

$$-\mathrm{d}W = P_j\mathrm{d}t + P_s\mathrm{d}t + \mathrm{d}L \tag{5-2}$$

式中,P_j 为焦耳损耗功率,$P_j = \iiint_V \overline{E} \cdot \overline{J} \mathrm{d}V$;$P_s$ 为外部向系统内部提供的能量,$P_s = -\oiint_{S_v} (\overline{E} \times \overline{H}) \cdot \mathrm{d}\bar{s}$;$\mathrm{d}L$ 为电磁力所做的功。

5.2 脉冲发电机的应力研究方法

为了快速求出电磁力所做的功，假定 $P_j\mathrm{d}t+P_s\mathrm{d}t=0$，从功率的角度，分析式 (5-2)，得

$$\frac{\mathrm{d}L}{\mathrm{d}t} = \iiint_V \overline{f}\cdot\overline{u}\mathrm{d}V = -\frac{\mathrm{d}}{\mathrm{d}t}\left(\iiint_V w_e\mathrm{d}V\right)\bigg|_{\Psi e=\mathrm{const}}$$
$$-\frac{\mathrm{d}}{\mathrm{d}t}\left(\iiint_V w_m\mathrm{d}V\right)\bigg|_{\Phi m=\mathrm{const}} \quad (5\text{-}3)$$

式中，f 为单元体所受的体力密度；u 为单元的速度；J 为电流密度；D 为电位移；E 为电场强度；H 为磁场强度；B 为磁通密度；ε 为介电常数；μ 为磁导率；w_e 为电能密度，$w_e = \dfrac{\overline{D}\cdot\overline{E}}{2} = \dfrac{\varepsilon E^2}{2} = \dfrac{D^2}{2\varepsilon}$；$w_m$ 为磁能密度，$w_m = \dfrac{\overline{B}\cdot\overline{H}}{2} = \dfrac{\mu H^2}{2} = \dfrac{B^2}{2\mu}$。

利用麦克斯韦方程 $\mathrm{div}\overline{D} = \rho_0$ 和 $\mathrm{div}\overline{B}=0$，并利用选择的边界面上 $\overline{u} = 0$ 的条件，式 (5-3) 右侧化简得

$$\iiint_V \overline{f}\cdot\overline{u}\mathrm{d}V = \iiint_V \left[\rho_0\overline{E} - \frac{E^2}{2}\cdot\nabla\varepsilon + (\overline{J}\times\overline{B}) - \frac{H^2}{2}\cdot\nabla\mu\right]\cdot\overline{u}\mathrm{d}V \quad (5\text{-}4)$$

可知，体密度 f 的计算公式：

$$\overline{f} = \rho_0\overline{E} - \frac{E^2}{2}\cdot\nabla\varepsilon + (\overline{J}\times\overline{B}) - \frac{H^2}{2}\cdot\nabla\mu \quad (5\text{-}5)$$

2. 有限元方法

计算磁场的方法主要是有限元方法，包括差分法和迦辽金方法 (加权残量法的一种)，电磁场的收敛速度快，通过有限元方法可以快速准确地求解电磁场的结果。但是，力的收敛速度慢，从有限元场解快速准确地求解力，难度较大。因此，通过有限元场解求解电磁场空间分布，再根据式 (5-5) 求解电磁力空间分布。

在 CPA 中，利用电磁场解求解磁力的公式如式 (5-6) 所示。其中等号右侧第一项称为洛伦兹力，与电流和磁场有关；第二项称为表面力，与 CPA 内部材料的磁导率的变化梯度有关。

$$\overline{f_m} = \overline{J}\times\overline{B} - \frac{1}{2}H^2\nabla\mu \quad (5\text{-}6)$$

应力分布对铁磁材料的导磁性会有影响，进而影响磁场分布，影响电机的铁芯损耗等。但对于空芯样机，内部无导磁材料，放电时，应力对材料的导磁性能几乎没有影响，因而可以采用电磁结构的单向耦合来计算电机内的磁场和应力变形。即先通过计算电磁场，获得电机内的电磁力的分布，然后将电磁力代入到结构分析模型中，作为结构分析的载荷，获得电机内的应力分布和变形。电磁结构单向耦合分析流程图如图 5-3 所示。

利用有限元软件，进行电磁和结构的耦合分析。首先利用有限元软件进行电磁分析，再将电磁节点力数值导出到 Nastran 文件中，进行应力和应变的分析计算。

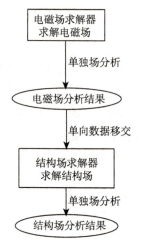

图 5-3 电磁结构单向耦合分析流程图

5.3 脉冲发电机应力场分析

传统的飞轮储能的结构示意图如图 5-4(a) 所示，主要包括一台高转换效率的电机、与电机转子同轴的复合材料飞轮、高速轴承和功率变换所需的功率电子组件。电励磁的空芯脉冲发电机的示意结构如图 5-4(b) 所示，其中转子包括复合材料飞轮和无槽绕组。可见，补偿脉冲发电机可以看成是在传统飞轮储能结构基础上衍生出来的结构，其转子受力分析部分等同于飞轮储能中复合材料飞轮转子的应力分析。

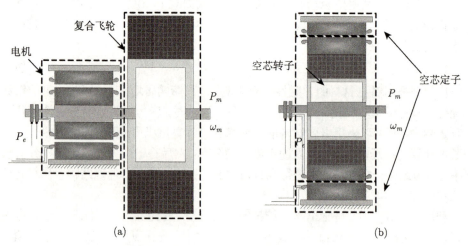

图 5-4 传统的飞轮储能电机 (a) 和空芯脉冲发电机 (b) 的结构示意图

5.3 脉冲发电机应力场分析

但不同点在于，补偿脉冲发电机放电时利用电磁感应和磁通压缩将转子高速旋转时所储存的惯性储能瞬时转变成脉冲负载所需的电能，在绕组及补偿内产生了巨大的电磁应力。下面将结合图 5-4(b) 的脉冲发电机结构，对其电磁应力、机械应力进行分析。

5.3.1 电磁应力分析

1. 单个空芯线圈受力分析

对于空芯 CPA，由于定转子复合材料结构件的磁导率和空气近似，磁导率在空间的梯度近似等于零，因此按式 (5-6) 可知，电机内不存在面力密度，体力密度为电流密度和磁密的叉乘。假设复合材料结构件内部无涡流，那么空芯 CPA 内的电磁力全部作用在有电流流过的绕组上，绕组所受洛伦兹力的体密度为

$$\overline{f} = \overline{J} \times \overline{B} \tag{5-7}$$

在空芯 CPA 中，端部漏磁大，且无槽绕组端部较长，为了考虑端部的受力，需要对线圈进行三维受力分析，因此建立绕组的三维有限元模型，如图 5-5 所示。

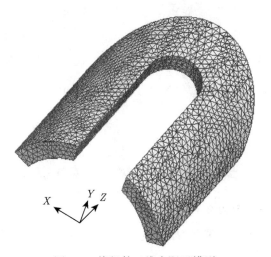

图 5-5 绕组的三维有限元模型

绕组内的电流密度 $\overline{J}$ 和空间磁场 $\overline{B}$ 的分布如图 5-6 所示。根据式 (5-7)，计算得到的洛伦兹力体密度 $\overline{f}$ 的矢量分布和幅值分布，如图 5-7 所示。

从图 5-7 可以看出，对于单个空芯线圈，洛伦兹力体密度在绕组端部，绕组内侧，幅值大，因此在设计中要着重考虑如何降低该处的幅值，使电机绕组所受的力密度降低且分布均匀，减少局部应力集中。

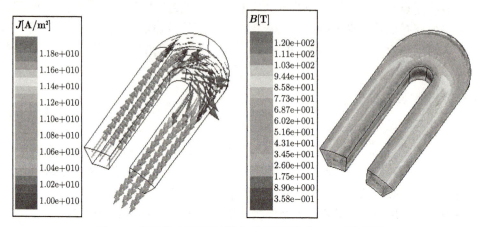

图 5-6 绕组的电流密度 $\overline{J}$ 和磁场 $\overline{B}$ 的分布 (后附彩图)

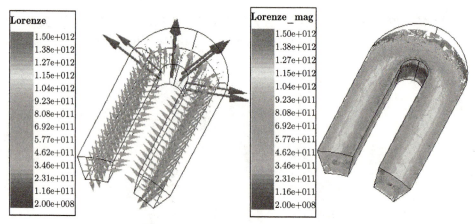

图 5-7 洛伦兹力体密度分布的矢量和幅值 (后附彩图)

2. 空芯 CPA 电磁应力分析

根据 5.2.2 节所述的有限元方法，对空芯 CPA 电磁应力进行分析。空芯 CPA 内部材料的机械参数如表 5-1 所示。

表 5-1 空芯 CPA 内部材料的机械参数

空芯 CPA 内材料	杨氏模量 E/GPa	泊松比 γ	质量密度 $\rho/(\text{kg}/\text{m}^3)$
定转子铁芯	21	0.30	7850
硬铝	69	0.33	2710
紫铜	110	0.33	8030
碳纤维	248	0.3	1800
S 玻璃纤维	85	0.28	2480
环氧树脂 3501-6	3.4	0.4	1200

5.3 脉冲发电机应力场分析

针对空芯 CPA，励磁通常采用自激励磁或者脉冲励磁。放电前，励磁电流集中在励磁绕组中，空芯 CPA 内部的洛伦兹应力主要集中在励磁绕组中，如图 5-8 所示。

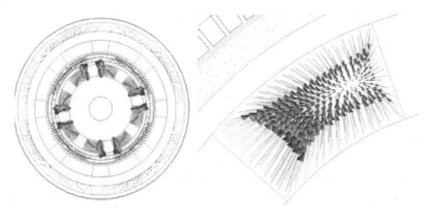

图 5-8　放电前 CPA 内洛伦兹应力分布

放电时，电枢内流过瞬时极大的脉冲电流，同时在铝补偿筒内感应出涡流，此时 CPA 内洛伦兹应力的分布如图 5-9 所示。

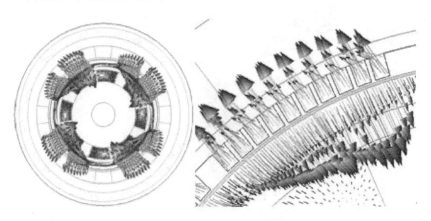

图 5-9　放电电流峰值时刻 CPA 内洛伦兹应力分布

放电时，由于补偿筒涡流对电枢反应磁通的压缩，气隙中周向磁密占绝大部分，根据安培定律，此时主电枢绕组和补偿筒受到的电磁力为径向方向。从图 5-9 可以看出，放电时有很大的径向压力作用在电枢绕组和补偿筒上，放电电流高出励磁电流一至两个等级，放电时 CPA 内部件受力大。因此，主电枢绕组外侧通过高强度的玻璃纤维环氧树脂加固。

5.3.2 机械应力分析

1. 空芯转子机械应力分析

空芯转子的机械应力分析主要集中在纤维树脂飞轮和绷带上。针对复合材料飞轮,可以采用有限元方法较精确地计算出纤维树脂轭和绷带内的应力,进而进行强度校核,但是有限元方法耗费时间长,且由于复合材料的各向异性特性,通常要在测试的基础上建立有限元模型,同时,有限元分析受网格剖分的影响较大,容易发散,并且考虑转子飞轮、绷带是简单圆筒形结构,解析算法就可以取得满意的结果,因此本书主要采用了解析方法对转子的机械应力进行分析。

由于纤维树脂材料的各向异性性质,对式 (5-1) 进行调整,推导满足需求的应力解析方程。为充分发挥纤维轴向强度高的优点,复合飞轮采用纤维 90° 环向缠绕制成。针对单层复合飞轮,高速旋转时内部主要受到两个力的作用,离心力所产生的应力和树脂固化时产生的残余应力。针对长直复合飞轮,通常假设轴向应力或应变为零,认为飞轮内部为平面应力状态,只受周向应力和径向应力,复合材料飞轮体积元的应力分析示意图如图 5-10 所示。

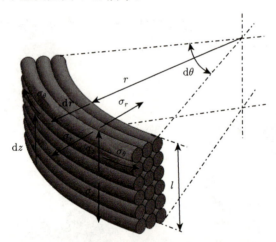

图 5-10 复合材料飞轮体积元的应力分析示意图
r 为体积元内径;dr 为径向长度;$d\theta$ 为周向角度;l 为轴向长度;σ_r 为径向应力;
σ_θ 为周向应力;σ_z 为轴向应力

沿径向列平衡方程如下:

$$(\sigma_r + d\sigma_r)(r + dr) d\theta \cdot l - \sigma_r r d\theta \cdot l - 2\sigma_\theta dr \sin \frac{d\theta}{2} \cdot l = \rho r^2 \omega^2 \tag{5-8}$$

省略去高阶无穷小,并且在 $d\theta$ 很小的情况下,用 $d\theta/2$ 近似代替 $\sin(d\theta/2)$。由式

5.3 脉冲发电机应力场分析

(5-8) 可得

$$\frac{d\sigma_r}{dr} + \frac{\sigma_r - \sigma_\theta}{r} + \rho r \omega^2 = 0 \tag{5-9}$$

式中，ρ 为转子材料的密度；ω 为转子的旋转角速度。

设体积元的内径径向位移为 u，外径径向位移为 $u+du$。可列出如下几何方程：

$$\varepsilon_r = \frac{(u+du)-u}{dr} = \frac{du}{dr} \tag{5-10}$$

$$\varepsilon_\theta = \frac{(r+u)d\theta - rd\theta}{rd\theta} = \frac{u}{r} \tag{5-11}$$

式中，ε_r 为径向应变；ε_θ 为周向应变。

将式 (5-11) 对 r 求微分，化简可得

$$\frac{d\varepsilon_\theta}{dr} = \frac{1}{r}(\varepsilon_r - \varepsilon_\theta) \tag{5-12}$$

由于缠绕拉力，树脂的黏度和硬度，固化剂的收缩以及温度膨胀等，在各向异性的复合材料内部产生的初始应力也很大，如果整个制备过程中，参数选择不当，内部残余应力极易使复合材料筒出现分层等失效特征。如表 5-2 所示，纤维在轴向和横向的温度膨胀系数差异很大，导致固化过程中，内部会出现残余应力，如固化不当，容易使残余应力过大，直接导致纤维树脂筒分层。在此计算中，仅考虑对残余应力影响较大的固化温度，而忽略其他因素的影响。固化时温度压降 ΔT 产生的残余应力，根据广义胡克定律，给出如下应力应变的关系式：

$$\begin{bmatrix} \sigma_r \\ \sigma_\theta \end{bmatrix} = \begin{bmatrix} Q_{rr} & Q_{r\theta} \\ Q_{r\theta} & Q_{\theta\theta} \end{bmatrix} \begin{bmatrix} \varepsilon_r - \alpha_r \Delta T \\ \varepsilon_\theta - \alpha_\theta \Delta T \end{bmatrix} \tag{5-13}$$

式中，Q_{rr}、$Q_{r\theta}$、$Q_{\theta\theta}$ 为刚度矩阵 Q 的分量，通过纤维各向弹性模量计算出来；α_r 为纤维径向的温度膨胀系数；α_θ 为纤维周向的温度膨胀系数。

表 5-2 不同纤维的性能参数

参数	玻璃纤维	碳纤维 (T300)	碳纤维 (T800)
纵向拉伸强度 X/MPa	1062	1800	2900
纵向压缩强度 X'/MPa	610	1400	1600
横向拉伸强度 Y/MPa	31	80	70
横向压缩强度 Y'/MPa	-118	-168	-168
纵向模量 E_θ/GPa	38.6	130	155
横向模量 E_r/GPa	8.27	9	9
主泊松比 $\nu_{r\theta}$	0.26	0.23	0.3
泊松比 ν_{rz}	0.3	0.3	0.3
轴向温度系数 $\alpha_\theta(10^{-6}/℃)$	8.6	-0.3	-0.3
横向温度系数 $\alpha_r(10^{-6}/℃)$	22.1	28.1	28.1
密度 ρ/(kg/m^3)	1800	1600	1600

为了降低转子的质量，复合飞轮采用中空的具有一定厚度的轮毂支撑。轮毂的模量相对于碳纤维大，因此高速转动时，轮毂和复合飞轮之间容易脱开，采用拼合式轮毂可以有效地解决这一问题。厚度为 t_s，质量密度为 ρ_h 的拼合式轮毂在内径上对复合飞轮产生的压力 p_i 为

$$r = r_i, \quad \sigma_r = -p_i = \frac{\rho_h \omega^2 \left[r_i^3 - (r_i - t_s)^3 \right]}{3 r_i} \tag{5-14}$$

由于线圈强度的限制，单独的励磁线圈同复合飞轮之间的连接，难以实现过盈配合，主要是通过环氧树脂粘合。环氧树脂层内的应力，只要保证一定的厚度，树脂层内部的应力不会超过许用应力，此时可近似假设树脂层对复合飞轮外径的径向拉力为 0。

$$r = r_o, \quad \sigma_r = 0 \tag{5-15}$$

综合式 (5-13)~ 式 (5-15)，并将复合飞轮内径和外径处所受的已知应力作为求解的边界条件，可求出圆柱筒内部的径向应力和周向应力。

单层复合材料圆环受离心力作用产生的周向应力 σ_θ 和径向应力 σ_r 分别为

$$\sigma_\theta = \rho_{\text{eff}} v_0^2 \frac{3+v}{9-\mu^2} \left[\mu l \left(\frac{r}{r_o} \right)^{\mu-1} + \mu(l-1) \left(\frac{r}{r_o} \right)^{-\mu-1} - \frac{\mu^2 + 3v}{3+v} \left(\frac{r}{r_o} \right)^2 \right] \tag{5-16}$$

$$\sigma_r = \rho_{\text{eff}} v_0^2 \frac{3+v}{9-\mu^2} \left[l \left(\frac{r}{r_o} \right)^{\mu-1} - (l-1) \left(\frac{r}{r_o} \right)^{-\mu-1} - \left(\frac{r}{r_o} \right)^2 \right] \tag{5-17}$$

式中，$l = (\lambda^{-\mu-1} - \lambda^2)/(\lambda^{-\mu-1} - \lambda^{\mu-1})$；$\mu = \sqrt{E_\theta/E_r}$，为复合材料的周向模量和径向模量之比，反映材料的力学特性的各向异性。

纤维在轴向方向强度远大于横向方向强度，因此对于周向缠绕的纤维环氧树脂筒，如果设计不当，内部径向应力很容易超过纤维径向强度，而发生分层现象，导致整个转子失效。

纤维树脂类复合材料由纤维和树脂混合而成，力学特性主要由高强度的纤维提供，树脂将纤维结合在一起，起介质的作用，周向和径向应力的分布取决于复合材料的 μ 值。复合材料的弹性模量由其组成部分的弹性模量和组成比所决定。

$$E_\theta = E_f V_f + E_m V_m \tag{5-18}$$

$$E_r = E_f E_m / (V_m E_f + V_f E_m) \tag{5-19}$$

式中，E_f 为纤维的模量；E_m 为树脂的模量；V_f 为纤维的体积百分比；V_m 为树脂的体积百分比。

为了使高速旋转时，复合材料转子周向和径向应力在安全范围内，复合转子不至于失效，需要通过调节纤维和树脂的比例，获得满足条件的合理的 μ 值。

对于复合材料制成的部件，有多种安全评估准则，主要包括径向强度比 R_r，周向强度比 R_θ 和基于强度比 R_T 的蔡-吴 (Tsai-Wu) 失效准则。包括最先一层失效强度 (first ply failure, FPF) 和最终失效强度 (last ply failure, LPF)。当脉冲发电机复合转子出现最先一层失效时，整个转子的刚度发生变化，转子不平衡，会带来很大震动，影响转子的高速正常工作，因而在脉冲发电机中，复合材料转子采用的强度准则是最先一层失效强度 FPF。

而在径向强度和周向强度中，通过解析计算，给出复合飞轮内的最大应力。利用最大应力点来校核飞轮所受的强度。三种强度准则计算式：

$$\begin{cases} R_r = \sigma_{r\max}/X \\ R_\theta = \sigma_{\theta\max}/Y \\ R_T = \sigma_{\theta\max}/Y \end{cases} \tag{5-20}$$

安全系数定义为 S_f：

$$S_f = \frac{1}{\max(R_r, R_\theta, R_T)} \tag{5-21}$$

2. 复合绷带的受力分析

为防止高速旋转时，绕组受到的离心力过大，导致其与转子轭分离，绕组外部采用强度密度比较高的碳纤维作为绷带。为了充分利用碳纤维横向强度大的优点，出于材料的强度以及成本的考虑，纤维为单层环向缠绕，可以将周向缠绕碳纤维绷带等效为一个圆柱壁，其体积元如图 5-10 所示。

忽略轴向应力，绷带内部受力为平面应力，强度矩阵 Q 为

$$Q = S^{-1} = \begin{bmatrix} S_{rr} & S_{r\theta} \\ S_{\theta r} & S_{\theta\theta} \end{bmatrix}^{-1} = \begin{bmatrix} Q_{rr} & Q_{r\theta} \\ Q_{\theta r} & Q_{\theta\theta} \end{bmatrix} = \begin{bmatrix} \dfrac{E_\theta E_r}{E_r - E_\theta \nu_{\theta r}^2} & \dfrac{E_\theta E_r \nu_{\theta r}}{E_r - E_\theta \nu_{\theta r}^2} \\ \dfrac{E_\theta E_r \nu_{\theta r}}{E_r - E_\theta \nu_{\theta r}^2} & \dfrac{E_r^2}{E_r - E_\theta \nu_{\theta r}^2} \end{bmatrix} \tag{5-22}$$

式中，$S_{\theta\theta} = 1/E_\theta$；$S_{\theta r} = S_{r\theta} = -\nu_{r\theta}/E_\theta$；$S_{rr} = 1/E_r$；$\nu_{r\theta}$ 为主泊松比；$\nu_{\theta r}$ 为次泊松比，满足 $\nu_{\theta r} = -\nu_{r\theta} E_r/E_\theta$。

考虑温度降和化学收缩产生的残余应力，径向应力为

$$\sigma_r = -\rho\omega^2\varphi_1\bar{r}^2 + C_1\bar{r}^{k-1} + C_2\bar{r}^{-k-1} + \varphi_{T1}\Delta T_e \tag{5-23}$$

式中，$\bar{r}$ 为半径 r 和内径 r_i 的比；$\bar{r}_0$ 为外径 r_o 和内径 r_i 的比；ΔT_e 为固化温度降，为初始室温 T_0 减去固化温度 T_c；k 为硬度比，$k = \sqrt{E_\theta/E_r}$；$\varphi_1 = \dfrac{3Q_{rr} + Q_{\theta r}}{(9-k^2)Q_{rr}}$；$\varphi_{T1} = \dfrac{\alpha_r - \alpha_\theta}{S_{\theta\theta} - S_{rr}}$；$C_1 = \left(\dfrac{1 - \bar{r}_0^{-k-1}}{\bar{r}_0^{-k-1} - \bar{r}_0^{k-1}} \right) \cdot \varphi_{T1} \cdot \Delta T_e$；$C_2 = -\varphi_{T1} \cdot \Delta T_e - C_1$。

将式 (5-23) 对 $\bar{r}$ 取导数，可求得径向应力最大值处的半径 $\bar{r}_{\sigma_r\_\max}$ 为

$$\bar{r}_{\sigma_r\_\max} = \left(\frac{\bar{r}_0^{k-1} - 1}{1 - \bar{r}_0^{-k-1}} \cdot \frac{k+1}{k-1} \right)^{\frac{1}{2k}} \tag{5-24}$$

由式 (5-24) 可见，产生径向最大应力处的半径以及飞轮内的最大径向应力仅与纤维的材料属性以及内外径比有关，而与同飞轮的实际尺寸无关，因此可以将实际工程样机中的飞轮等比例缩小，对小比例模型进行计算和实验验证，可极大地减少设计的成本。

绷带直接缠绕在励磁绕组上，样机中绷带的内径为 150mm，厚度为 5mm，防止高温固化破坏绕组的绝缘层，同时降低固化时绷带内部的残余应力，采用低温固化制，固化温度为 80℃，室温为 20℃，因此固化温度降为 −60℃。纤维的横向强度远小于其纵向强度，因此在 90° 缠绕的纤维环氧树脂绷带的强度校核主要集中在径向强度上。绷带采用高模量高强度 T800 碳纤维制成，固化后绷带内的径向残余应力，以及 10000r/min 高速旋转时，绷带内的径向应力与绷带半径的关系如图 5-11 所示。

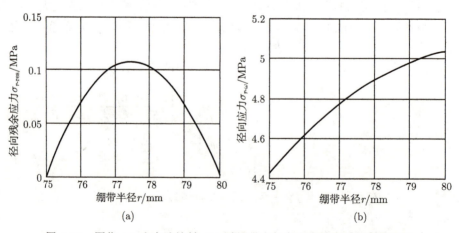

图 5-11 固化 (a) 和高速旋转 (b) 时绷带内径向应力随半径的变化曲线

由图 5-11 可知，固化时内部残余应力在中间某点具有最大值，但由于采用低

5.3 脉冲发电机应力场分析

温固化,残余径向应力的最大值远低于材料的径向强度。10000r/min 高速旋转时,外径处的径向应力最大,为 5.04MPa,远小于碳纤维的横向强度,不会发生分层断裂,保证了高速旋转时转子的安全。

3. 转子轭的受力分析

在空芯 CPA 中,所采用的纤维环氧树脂类复合材料中纤维集中在玻璃纤维和碳纤维,其性能参数指标如表 5-2 所示。

在以往的空芯 CPA 研究中,空芯转子均由单一复合材料制成,如玻璃纤维或者碳纤维。为防止高速旋转时,飞轮径向应力过大导致分层,使整个转子无法继续正常工作,飞轮采用多轮缘组合在一起的结构取代单一轮缘。为防止高速时转子分层失效和提高空芯转子的储能密度,利用预应力来抵消高速旋转时的离心应力,多轮缘通过过盈配合在一起,配合方法主要有低温冷却内部圆环或者常温压力法。CEM 的学者在小口径电磁炮用 CPA 的转子设计中,利用同一种碳纤维加工多个不同厚度的圆环,将内部圆环冷却实现同外部圆环的过盈配合组装。高强度碳纤维的价格是玻璃纤维价格的数十倍,出于成本和材料利用率的考虑,可以采用上述第四种方法设计 CPA 的空芯转子,即不同复合材料的圆环过盈装配的结构,实现储能密度的优化设计,如图 5-12 所示。

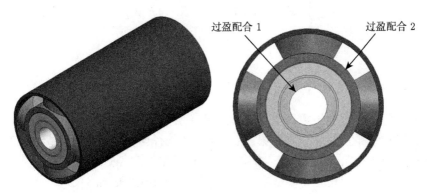

图 5-12 多轮缘复合转子三维及径向视图

针对单个复合材料环,认为已经通过合理的缠绕方式和固化过程降低了内部的残余应力。多轮缘结构的飞轮,设计时需要设计过盈安装时的过盈量。如果过盈量过大,相邻轮缘过盈面间的接触压力过大,会破坏复合材料环,如果过盈量过小,高速时,过盈力没有充分抵消离心力,导致轮缘内部径向应力分布不均,达不到防止分层失效和提高转子储能密度的目的。

采用改进平面应变方法,假设轴向具有常应变 ε_0,利用平面应力方法计算多轮缘的转子内的应力分布以及能量密度, 三维柔量矩阵如下：

$$S = \begin{pmatrix} \dfrac{1}{E_\theta} & -\dfrac{\nu_{\theta r}}{E_r} & -\dfrac{\nu_{\theta z}}{E_z} \\ -\dfrac{\nu_{r\theta}}{E_\theta} & \dfrac{1}{E_r} & -\dfrac{\nu_{rz}}{E_z} \\ -\dfrac{\nu_{z\theta}}{E_\theta} & -\dfrac{\nu_{zr}}{E_r} & \dfrac{1}{E_z} \end{pmatrix} \tag{5-25}$$

解平面应力方程, 可得第 i 个圆环内的径向位移 u 为

$$u^{(i)} = C_1^i \cdot b_i \cdot \chi^k + C_2^i \cdot b_i \cdot \chi^{-k} + \zeta_1 \cdot \varepsilon_0 \cdot \chi + \zeta_2 \cdot \Delta T \cdot b_i \cdot \chi + \zeta_3 \cdot \omega^2 \cdot \chi^3 \cdot b_i^3 \tag{5-26}$$

式中, Q 为硬度矩阵, 为柔量矩阵 S 的逆矩阵; $\boldsymbol{\beta} = Q \cdot \boldsymbol{\alpha}$,

$$\zeta_1 = (Q_{13} - Q_{23})/(Q_{22} - Q_{11}); \quad \zeta_2 = (\beta_2 - \beta_1)/(Q_{22} - Q_{11}); \quad \zeta_3 = -\rho/((9 - k^2)Q_{22}).$$

假设多轮缘的内径和外径无应力, 为自由状态, 计算时根据如下边界条件：

$$\begin{cases} \sigma_r^{(1)}(r = a_1) = 0 \\ \sigma_r^{(n)}(r = b_n) = 0 \\ \sigma_r^{(i)}(r = b_i) = \sigma_r^{(i+1)}(r = a_{i+1}) \\ \sum_1^n \int_{c_i}^1 b_i^2 \sigma_z^{(i)} \chi^{(i)} \mathrm{d}\chi^{(i)} = 0 \\ \delta^{(j)} = u_{r_i}^{(j+1)} - u_{r_o}^{(j)} \end{cases} \tag{5-27}$$

式中, n 为组成飞轮的层数; a_i、b_i 分别为第 i 层复合材料的内径和外径; c_i 为第 i 层的内径与外径之比; $u_{r_i}^{(j+1)}$ 为第 $j+1$ 层内径的径向位移; $u_{r_o}^{(j)}$ 为第 j 层外径的径向位移; $\delta^{(j)}$ 为第 j 层和第 $j+1$ 层配合的过盈量。

根据式 (5-27), 可求得参数 $C_1^{(i)}$ 和 $C_2^{(i)}$ 以及轴向应变 ε_0, 代入下式得出径向应力 $\sigma_r^{(i)}(\chi)$:

$$\begin{aligned} \sigma_r^{(i)}(\chi) = & C_1^{(i)} (Q_{12} + kQ_{22}) \chi^{k-1} + C_2^{(i)} (Q_{12} + kQ_{22}) \chi^{-k-1} \\ & + \varepsilon_0 [\zeta_1 (Q_{12} + Q_{22}) + Q_{23}] + \Delta T [\zeta_2 (Q_{12} + Q_{22}) - \beta_2] \\ & + \zeta_3 \omega^2 (Q_{12} + 3Q_{22}) \chi^2 b_i^2 \end{aligned} \tag{5-28}$$

以两层复合材料环配合而成的飞轮为例, 进行三种结构的应力分析。结构 I 由厚度相等的两个复合材料圆柱筒过盈装配而成, 每个圆柱筒采用单一 T800 碳纤

维绕制而成。结构Ⅱ和结构Ⅲ由与结构Ⅰ厚度相等的两个复合材料圆柱筒过盈装配而成,每个复合材料圆柱筒采用不同的纤维缠绕而成,外部圆柱筒由模量更大、强度更大的 T800 制成,内部由模量较小、强度较小的材料 T300 制成。四种飞轮结构具有相同的尺寸,内径 500mm,内环厚 100mm,外环厚 100mm,环间过盈量 1mm,固化温度降均为 $-60^\circ C$。三种结构的性能对比如表 5-3 所示。

表 5-3　同尺寸不同材料组合结构的飞轮性能对比

性能指标	结构Ⅰ	结构Ⅱ	结构Ⅲ
内环材料 + 外环材料	T800+T800	T300+T800	GF+T800
径向最大强度/MPa (转速 10000r/min)	47	37	-35
转子质量/kg	1206	1206	1275
最大转速/(r/min)	16500	23000	16500
最大储能/MJ	666	1295	698
最大储能密度/(kJ/kg)	552	1073	547

由于纤维的周向强度远大于径向强度,在 90° 周向缠绕的飞轮中,仅需要校核径向应力。安全系数 F_r 为

$$F_r = \begin{cases} \sigma_r/Y, & \sigma_r > 0 \\ \sigma_r/Y', & \sigma_r < 0 \end{cases} \tag{5-29}$$

计算得到的三种不同结构在设计转速 10000r/min 时的径向应力和安全系数分布如图 5-13 所示。

从图 5-13 可以分析出,相同材料的复合飞轮,如结构Ⅰ,内部径向应力为拉应力,因此更容易出现径向强度失效,出现分层,因为纤维的径向拉伸强度小于径向压缩强度。采用不同材料的复合飞轮可以获得更优异的性能。结构Ⅱ内部径向应

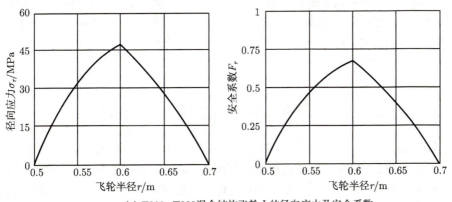

(a) T800+T800 混合结构飞轮Ⅰ的径向应力及安全系数

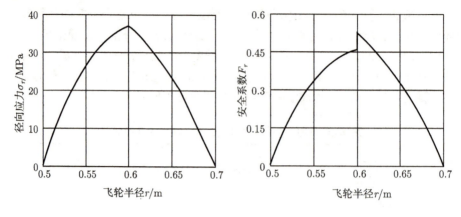

(b) T300+T800混合结构飞轮Ⅱ的径向应力及安全系数

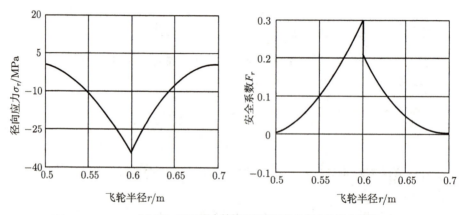

(c) GF+T800混合结构飞轮Ⅲ的径向应力及安全系数

图 5-13　三种混合结构复合飞轮应力评估

力小于结构Ⅰ，具有最大的极限转速和储能密度。尽管最大极限转速小于结构Ⅱ，但结构Ⅲ内部径向应力为压应力，避免了高速时发生径向分层的风险，降低了组装时对过盈量的要求，从而降低了安装难度，同时结构的材料成本较结构Ⅰ和结构Ⅱ低，具有综合优势。

5.4　脉冲发电机动力学特性研究

转子动力学是研究所有旋转机械转子及其部件和结构有关的动力学特性的学科，不论转子的动平衡做得多么精确，转子的质量中心和回转中心总会有一定的偏差，使转子产生周期性的离心干扰力。当转子的转速与转子的临界转速接近时，转子将会发生剧烈的弯曲振动，引起整个机组振动，严重时使得转子破坏。所以必须对转子系统进行动力学特性研究,准确分析转子系统的临界转速,使转子的工作转速远离弯曲模态下的临界转速,保证转子的安全稳定运行。

5.4.1 高速转子动力学研究现状

转子动力学是固体力学的分支,研究高速旋转机械的转子系统在工作状态下的临界转速、通过临界转速的不平稳状态、动力响应、动平衡、转子稳定性等问题。工程科学界关心转子振动的问题已有 200 多年。从 1869 年英国的朗肯 (Rankine) 发表《论旋转离心力》论文使得转子一直被限制在一阶临界转速以下很长时间而未得到进步;到 1889 年法国的拉瓦尔关于柔性轴的实验,其是研究该领域问题的先导;1895 年福贝耳 (Foppl) 提出的最简单转子模型即一根两端刚支无质量的转子中部带有圆盘;1919 年由杰夫考特 (Jeffcott) 首先解释了这一超临界运转时转子会产生自动定心现象而稳定工作;最后 1974 年在丹麦召开的一次具有里程碑意义的国际转子动力学学术会议,指出转子动力学的研究内容主要有临界转速、通过临界转速的状态 (不平稳状态)、动力响应、动平衡和转子稳定性五个方面,其为传统的转子动力学所关心和研究的问题。

随着科学技术的不断发展和旋转机械的转子转速的不断提高,例如,高速电机转速的提高及其对高速转子系统的振动和稳定性等转子动力学问题的研究越发显得重要。在讨论和研究转子动力学的动态性能时,随着转子速度的不断提高,其在转子设计及转子系统设计时,都需要对旋转机械进行转子动力学的计算分析,因此转子动力学中的计算分析是首要的,并以此来指导工程实践工作。在转子动力学特性的发展进程中,出现过很多计算分析方法,但主要以两大类为主:传递矩阵法和有限元法。传递矩阵方法曾在转子动力学领域占有主导的地位,其优点是矩阵阶数不随转子系统的自由度增大而增加,简单高效,与其他方法相组合,可解复杂转子系统的动力学问题,适用于多个转子相连的链式转子系统;但因传递矩阵法是将转子系统结构的相关质量简化为极其简单的集中质量和无质量的梁模型,其缺点是不能保证模型的完整性和分析的准确性,且有时还会发生丢解现象。而用有限元法在计算转子动力学问题时,可以弥补传递矩阵法的不足,较好地保证完整性、准确性和高效性;有限元法的转子动力学方程表达式简单清晰,求解复杂转子动力学问题时,其计算结果比传递矩阵法准确;有限元法可以通过对转子系统进行线性化后积分求出载荷的方法来分析伯努利梁和铁木辛哥梁。虽然有限元法计算用时较长,但随着现代科学技术的发展和计算机的发展与普及给有限元法提供了良好的硬件支持技术,使其目前得到广泛应用。

5.4.2 临界转速及模态分析

由于制造中的误差,转子各微段的质心一般对回转轴线有微小偏离。转子旋转时，由上述偏离造成的离心力会使转子产生横向振动。这种振动在某些转速上显得异常强烈，这些转速称为临界转速。为确保机器在工作转速范围内不致发生共振，临界转速应适当偏离工作转速如 10% 以上。临界转速同转子的弹性和质量分布等因素有关。对于具有有限个集中质量的离散转动系统，临界转速的数目等于集中质量的个数；对于质量连续分布的弹性转动系统，临界转速有无穷多个。计算大型转子支承系统临界转速最常用的数值方法为传递矩阵法。其要点是：先把转子分成若干段，每段左右端 4 个截面参数 (挠度、挠角、弯矩、剪力) 之间的关系可用该段的传递矩阵描述。如此递推，可得系统左右两端面的截面参数间的总传递矩阵。再由边界条件和固有振动时有非零解的条件，采用试凑法求得各阶临界转速，并随后求得相应的振型。一般转子都是变速通过临界转速的，故通过临界转速的状态为不平稳状态。它主要在两个方面不同于固定在临界转速上旋转时的平稳状态：一是振幅的极大值比平稳状态的小，且转速变得越快，振幅的极大值越小；二是振幅的极大值不像平稳状态那样发生在临界转速上。在不平稳状态下，转子上作用着变频干扰力，给分析带来困难。求解这类问题须用数值计算或非线性振动理论中的渐近方法或级数展开法。

模态是指结构所固有的频率和振型等特性。由计算分析提取每一个模态所具有的模态特性参数的过程称为模态分析。模态分析是谐响应分析、瞬态分析等动力学分析问题的起点或基础。对于模态分析方法有两种：一种是有限元计算方法；另一种是实验方法。模态分析就是求转子系统的特征值和特征向量的问题。其中，特征向量就是指转子系统结构振动的模态振型，特征值就是指转子系统结构振动的模态振型所对应的频率。实际工况中，有时为了防止共振而避免转速发生在这些频率附近；而有时要加强振动，这是在极特殊的情况下，视具体情况而定。总之，根据模态分析所得出的转子固有频率等模态参数在进行转子系统设计时可以给出一个判定准则。

参 考 文 献

[1] 钱伟长. 电机设计强度计算的理论基础. 安徽: 安徽科学技术出版社, 1992: 1-4.

[2] 杨松. 脉冲补偿发电机转子力学性能研究. 华中科技大学硕士学位论文, 2004: 17-41.

[3] Ha S K, Jeong H M, Cho Y S. Optimum design of thick-walled composite rings for an energy storage system. Journal of Composite Material, 1998, 3(29): 851-873.

[4] 宫能平, 夏源明, 毛天祥. 复合材料飞轮的三维应力分析. 复合材料学报, 2002, 19(1): 113-116.

[5] Ozdemir M. Electrodynamic forces in compensated pulsed electrical machines. Doctor dissertation, Austin: The University of Texas at Austin, 2002: 136-141.

[6] Kim J W, Lee J H, Kim H G. Reduction of residual stresses in thick-walled composite

cylinders by smart cure cycle with cooling and reheating. Composite Structures, 2006, 75 (1-4): 261-266.

[7] Ha S K, Kim H T. Effects of rotor sizes and epoxy system on the process-induced residual strains within multi-ring composite rotors. Journal of Composite Materials, 2004, 38(10): 871-885.

[8] Ha S K, Kim M H. Design and spin test of a hybrid composite flywheel rotor with a split type hub. Journal of Composite Materials, 2006, 40(23): 2113-2130.

[9] Genta G. Kinetic energy storage: theory and practice of advanced flywheel systems. London, UK: Cambridge University Press, 1985: 128-147.

[10] 复合材料结构设计. 北京: 化学工业出版社, 2001: 44-52.

[11] 沈观林, 胡更开. 复合材料力学. 北京: 清华大学出版社, 2006: 56-62.

[12] Portnov G, Uthe A N, Cruz I, et al. Design of steel-composite multirim cylindrical flywheels manufactured by winding with high tension and in situ curing. part. 1. basic relations. Mechanics of Composite Materials, 2005, 41(2): 139-152.

[13] Portnov G, Uthe A N, Cruz I, et al. Design of steel-composite multirim cylindrical flywheels manufactured by winding with high tensioning and in situ curing. part. 2. numerical analysis. Mechanics of Composite Materials, 2005, 41(3): 241-254.

[14] Sung K H, Kim J H, Han Y H. Design of a hybrid composite flywheel multi-rim rotor system using geometric scaling factors. Journal of Composite Materials, 2008, 42(8): 771-785.

[15] Ha S K, Han H H, Han Y H. Design and manufacture of a composite flywheel press-fit multi-rim rotor. Journal of Reinforced Plastics and Composites, 2008, 27(9): 953-965.

第6章 脉冲电源的电磁武器负载

电磁武器是利用电能为弹丸提供推力的一类新型超高速发射装置,主要包括电磁炮和电热炮,其中电磁炮是用电磁力推射弹丸的装置,电热炮是利用电能加热工质来推动弹丸的发射装置。与传统火炮相比,具有弹丸速度高、控制简单、能源简易、易于隐蔽等优点,因此在军事上具有广泛的应用前景[1-7]。

6.1 轨 道 炮

轨道炮 (railgun) 是电磁武器项目中指标最高、进展最快、投入最大、最有希望率先投入使用的先进技术武器,有望在未来几年正式装备舰船。

6.1.1 基本原理

轨道炮是一种非常简单的电磁发射器,由一个平行金属导轨、一个电枢、弹丸和脉冲电源组成,如图 6-1 所示。其中电枢位于两导轨间,由导电物质组成。两金属导轨也是良导体,且其材料要有较好的机械强度,能耐烧蚀和摩擦。轨道常镶嵌在高强度的复合材料绝缘筒内,共同形成炮管。导轨的功能除传导大电流外,还用于导向电枢使弹丸运动。

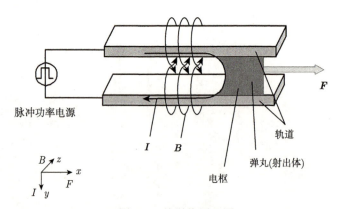

图 6-1 轨道炮原理图

当脉冲功率电源经控制电路触发为轨道炮提供强电流脉冲时,电流依次经过上导轨、电枢和下导轨形成电流回路。由法拉第电磁感应原理可知,电流流经导轨

6.1 轨 道 炮

时在两导轨与电枢之间的区域会产生磁场，电枢置于磁场中会受到电磁力的作用，该力推动电枢向前做加速运动。

为了更深刻理解轨道炮的本质，可以把它当成一个一端口机电能量变换装置。因此，由机电能量变换原理，可知轨道炮的能量为

$$W = W_m + W_k = \frac{1}{2}L_r I^2 + \frac{1}{2}mv^2 \tag{6-1}$$

式中，W_m 为轨道炮系统的磁能；W_k 为电枢和弹丸的动能；L_r 为轨道炮电感；I 为导轨中电流；m 为电枢和弹丸的质量；v 为电枢和弹丸的速度。

轨道炮系统的能量变化率为

$$\frac{\mathrm{d}W}{\mathrm{d}t} = L_r \frac{\mathrm{d}I}{\mathrm{d}t} + \frac{1}{2}\frac{\mathrm{d}L_r}{\mathrm{d}t}I^2 + mv\frac{\mathrm{d}v}{\mathrm{d}t} \tag{6-2}$$

输入轨道炮系统的电功率为

$$P_e = VI = I\left(L\frac{\mathrm{d}I}{\mathrm{d}t} + I\frac{\mathrm{d}L}{\mathrm{d}t}\right) = I\left(L\frac{\mathrm{d}I}{\mathrm{d}t} + IL'v\right) \tag{6-3}$$

式中，L' 为轨道的电感梯度。

由 $\frac{\mathrm{d}W}{\mathrm{d}t} = P$，可以得到作用于电枢上的电磁力为

$$F = ma = \frac{1}{2}L'I^2 \tag{6-4}$$

通过此方程，可以将力学量和电学量联系起来，得出轨道炮的负载特性。

6.1.2 负载特性

轨道炮由轨道和电枢组成，其中轨道由导电的金属构成，具有一定的阻抗。当弹丸不断向前运动时，接入到发射回路中的轨道长度不断增长，轨道的阻抗也随之增大，因此轨道炮可以等效成一个时变电阻和一个时变电感的串联电路，变化规律与弹丸在轨道炮中的位置有关，受电路和运动方程的约束。

轨道的等效电阻 R_x 可以表示为

$$R_x = R_{x0} + R'x \tag{6-5}$$

式中，R_{x0} 为轨道的初始电阻，单位 Ω；R' 为轨道的电阻梯度，单位 Ω/m；x 为弹丸在轨道炮中的位移，单位 m。

轨道的电阻梯度 R' 受速度趋肤效应对载流截面积的影响，以及电枢与轨道摩擦产生的高温相变对电阻率的影响，是一个受多变量控制的复杂函数，采用简化模型计算时可认为电阻梯度为恒定值。

轨道的等效电感 L_x 可以表示为

$$L_x = L_{x0} + L'x \tag{6-6}$$

式中，L_{x0} 为轨道的初始电感，单位 H；L' 为轨道的电感梯度，单位 H/m。

轨道的电感梯度 L' 与轨道的结构和尺寸有关，当采用简化模型时仍可认为电感梯度为恒定值。

弹丸的位移 x 与加速过程有关，弹丸在轨道炮内加速的过程中，分别受到电磁推进力 F_L，空气阻力 F_p，摩擦阻力 F_f，烧蚀阻力 F_{ab} 的共同作用，根据牛顿第二定律，其运动方程为

$$ma = F_L - F_p - F_f - F_{ab} \tag{6-7}$$

式中，m 为电枢和弹丸的质量，单位 kg；a 为电枢和弹丸的加速度，单位 m/s^2。

式 (6-7) 中，空气阻力 F_p，摩擦阻力 F_f，烧蚀阻力 F_{ab} 均可表示为受轨道炮结构、电流、速度等多变量控制的函数，理想轨道炮模型中仅考虑电磁推进力 F_L 的作用，则弹丸加速度可表示为

$$a = \frac{F_L}{m} = \frac{L' i_L^2}{2m} \tag{6-8}$$

式中，i_L 为轨道炮的输入电流，单位 A；a 为电枢和弹丸的加速度，单位 m/s^2。

弹丸的速度 v 和位移 x 可表示为

$$v = \int_0^t a \mathrm{d}t \tag{6-9}$$

$$x = \int_0^t v \mathrm{d}t \tag{6-10}$$

可见弹丸的加速过程与轨道炮的输入电流有关，因此需要对放电回路电流进行分析。

脉冲发电机驱动轨道炮系统的电路简化模型如图 6-2 所示，将线路上的电感和电阻与轨道炮中的初始电感 L_{x0} 和电阻 R_{x0} 统一为 L_line 和 R_line，认为其在轨道炮一侧，属于负载模型的一部分；脉冲发电机及其内阻抗位于电源侧，可利用前文建立的数学模型和有限元模型模拟。

根据式 (6-4)~式 (6-10)，轨道炮的等效电阻 R_x 和电感 L_x 可以表示为负载电流 i_L 的函数关系，列写回路的电压方程，即可建立起负载侧与电源侧之间的联系。

根据基尔霍夫定律，负载侧电压方程为

$$U_L = (R_\text{line} + R_x) i_L + L_\text{line} \frac{\mathrm{d} i_L}{\mathrm{d} t} + \left(L_x \frac{\mathrm{d} i_L}{\mathrm{d} t} + i_L \frac{\mathrm{d} L_x}{\mathrm{d} t} \right) \tag{6-11}$$

6.1 轨 道 炮

因此，根据上述方程可以在仿真软件中建立轨道炮的简化模型，快速估算所需的脉冲电源。

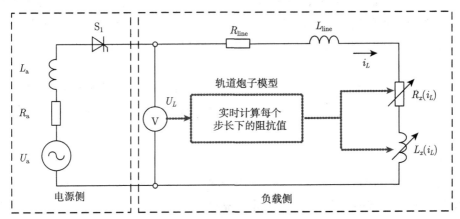

图 6-2　脉冲发电机驱动轨道炮系统的电路简化模型

6.1.3　关键技术问题

从研究进展看，电磁轨道炮因结构简单，发展迅速，很可能成为第一种实现武器化的电磁武器，但目前还有一些关键技术问题有待解决。

1. 抗烧蚀技术

电磁轨道炮的关键技术中有代表性的是导轨耐烧蚀技术。研究表明，在弹丸经过的轨道电极表面的烧蚀较为严重。烧蚀后轨道电极表面的形貌主要为弧痕、弧坑及悬挂在上轨道电极上的滴状颗粒。烧蚀不但严重影响射管的寿命，且弹丸前存在附着的金属碎块，可能造成发射的失败。

烧蚀主要由几方面原因产生：在初始加速阶段，电流变化很大，变化的电磁力产生很大的振荡，产生起始段的撞击坑；电枢电阻率低、欧姆热耗少、容易造成与导轨的失接触，引起烧蚀；等离子体电枢不存在与导轨的失接触问题，但电阻率大、压降高和容易产生电弧，因而发射效率较低，更严重的是电弧会产生严重烧蚀。

为了减少轨道表面的烧蚀，已开展了多方面的研究，例如，采用多级轨道和分段轨道结构，分布储能调节电流波形和复合材料技术。此外，目前美国正在开发用于电磁轨道炮的固体电枢，该电枢采用金属材料，质量比等离子体电枢重，速度慢。不过这种材料不剧烈地产生等离子体，与金属接触通电时比等离子体电枢更加实用。据推测，采用固体电枢可取得约3km/s的速度，其应用前景还有待于依照实际使用条件进一步探讨。

2. 连射技术

迄今为止，室内实验都以电磁加速技术的研发为重点，因此，没有开发连射技术的必要性。连射技术的主要问题在于发射器和电源的热管理，当电源高速反复充、放电时，由于电容器内部发热等可能引起劣化，其性能和参数必须通过实验来确定。

另外，在连射时，导轨表面可能被熔融的电枢材料包覆，在该材料固化前进行下一次射击时，熔融金属是否起到润滑剂作用，固化后对第二次射击有何影响，有待日后实验研究。

3. 发射结构技术

电磁炮发射的炮弹由电枢、弹托和弹丸构成。由于弹丸初速度极高、动能非常大，所以弹丸通常不配炸药，而是完全依靠动能摧毁目标。目前，弹丸研究的重点包括：弹丸在导轨上的加速问题；弹丸组件与导轨发射器的相容性；更轻、更强的弹托材料，以减少发射器内壁的烧蚀。

电枢是导轨炮的关键部件之一，目前研究选用的电枢有等离子电枢和固体电枢两类，其中固体电枢是目前及未来研究的重点，也是将来电磁炮工程化应用的主要形式。得克萨斯大学先进技术学院早期的研究重点关注了几何形状在电流密度和温度分布中起到的作用，并在 C 形电枢的基础上设计了鞍形电枢，减少了电流密度的不均匀分布，进而控制了电枢烧蚀。另外，导轨式电磁迫击炮的炮口安装了炮口分流器，可在弹丸发射后导出导轨上的剩余能量，实现快速消声和消焰。炮口分流器主要包括电感炮口分流器和电阻炮口分流器，前者是将剩余的能量通过连接到分流器上的电缆回收到炮尾，后者则直接将剩余的能量导出。

电磁轨道炮的最大特征是发射的弹丸超高速，而弹丸所受大气的阻力与速度的平方成正比增大。因此，为利用超高速特性必须设计弹丸的适当形状。满足实际装备要求的电磁轨道炮并不适合超高速飞行。现在，弹丸的初速以 2500m/s 为目标，然而该速度已属于流体力学的高超声速范畴，弹丸在大气压下以该速度飞行时，其前端将剧烈加热，引起形状变化。在远距离飞行时，微小的变形对飞行轨道都将产生很大影响，对命中精度也会有很大影响，因此电磁轨道炮与一般火炮相比需要精密机械元件。

4. 大电流控制技术

脉冲电源释放的强电流不能直接用于电磁发射，这是由于单脉冲电流产生的电磁推力会伴随很强的振荡，且能量转化效率低。研究发现，理想的发射电源电流外特性为梯形平顶脉冲。电流迅速上升，可使电枢在极短时间内获得很高的电磁推力。在加速过程中，平顶电流提供恒定推力，匀加速对轨道冲击较小，可有效减小

6.2 线圈炮

磨损。当弹丸离开时,残余电能可能会击穿炮口空气。因此,出射后轨道电流应迅速回落。

当前,普遍采用的方法是多个脉冲电源异步放电,合成近似的梯形波。在连续发射的情形下,多个脉冲电源反复充电、放电和馈电的控制与调节是电力调节的核心。

由于高功率脉冲电流高达兆安级,电源的开关控制仍然是电源技术的一大挑战。这样的大电流和高电压远超过单个可控硅的阈值,只有可控硅阵列才能满足这样的电气要求,然而此种阵列体积和质量过大。有研究表明,采用 SiC 代替 Si 组成的阵列开关,不仅体积和质量减小,其性能也得到了显著的改善。然而,SiC 目前未商业化。因此,研究开发大面积 SiC 材料的生产方法显得格外重要。

6.2 线 圈 炮

线圈炮 (coilgun) 是电磁炮的重要一支,与轨道炮相比,在一个时期内它没有受到应有的重视,主要是因为它的技术较为复杂。近几年来,由于脉冲功率技术的发展,人们认识到轨道炮的电感梯度与炮的规模无关,而在大比例尺寸的线圈炮中,电感梯度有重大改进,人们对线圈炮的兴趣又变得浓厚起来。

6.2.1 基本原理

线圈炮有十几种类型,其中只有同步感应和异步感应两种线圈炮最常用。

1. 同步感应线圈炮

同步感应线圈炮是由固定的驱动线圈组成发射管,其内有一弹丸线圈,弹丸线圈固定在弹丸上,且驱动线圈和弹丸线圈同轴排列,模型如图 6-3 所示。为方便分析,把驱动线圈和弹丸线圈简化成电流环 C_1 和 C_2。当线圈 C_1 通以变化的电流 i_d 时,在线圈周围产生变化磁场;当线圈 C_2 的截面中磁场发生变化时,由电磁感应

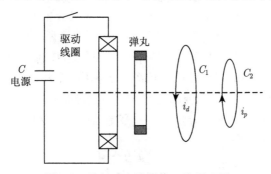

图 6-3 单级感应线圈炮工作原理图

定律可知 C_2 中有电流 i_p 流动。设弹丸与驱动线圈之间的互感为 M，则可得作用在弹丸上的驱动力为 F_p，力 F_p 推动弹丸前进，其计算公式如式 (6-12) 所示。

$$F_p = i_d i_p \frac{\mathrm{d}M}{\mathrm{d}x} \tag{6-12}$$

一般为减少力 F_p 的波动和延长其加速行程，上述驱动线圈都做成多级结构，也就是通常所说的多级感应线圈炮，其工作原理如图 6-4 所示。多级感应线圈炮中弹丸依次被加速，最后达到超高速度，理论上效率为 100%。

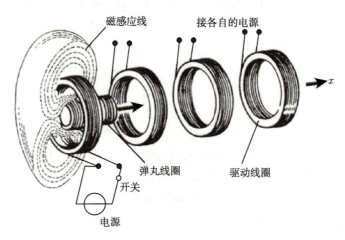

图 6-4 多级感应线圈炮工作原理图

2. 异步感应线圈炮

异步感应线圈炮由驱动线圈和弹丸两部分组成，其原理来自于异步感应电机，如图 6-5 所示。驱动线圈串联成多相绕组的连续线圈形式，由多相 (多是三相) 电源激励，产生一个像异步电动机旋转磁场那样的直线行波磁场，行波速度较弹丸速度快，借助其滑差速度引起相对运动，在弹丸内感生电流 (涡流)，行波磁场"拉"着弹丸前进。由于弹丸加速需要的速度越来越高，所以应当把整个线圈分成若干段。为了获得从一段到另一段相速增加的行波，应该增加激励电源的频率，或者增大驱动线圈的极距 (半波长)。由于弹丸长度相对短，过大的增加极距是不实际的，因此沿炮管长度增加供电频率较为合适。可以每段使用一个频率，仅逐段增频即可。因此，异步感应线圈炮各段的激励频率是不同的，故可以使用不同频率的发电机或不同谐振频率的电容器电路作为异步感应线圈炮的电源。弹丸的推力 F_p 为

$$F_p = \frac{I_d^2 R_p X_m^2 \alpha}{v_w s \left[(R_p/s)^2 + X_m^2 \right]} \tag{6-13}$$

式中，I_d 为驱动线圈脉冲电流；α 为弹丸线圈长度与驱动线圈激励部分长度之比；R_p 为弹丸驱动线圈电阻；X_m 为被激励绕组的电抗；滑差 $s = v_s/v_w = (v_w - v_p)/v_w = 1 - v_p/v_w$，其中，$v_w$ 是行波磁场的波速，滑差速度 $v_s = v_w - v_p$；v_p 为弹丸线圈速度。

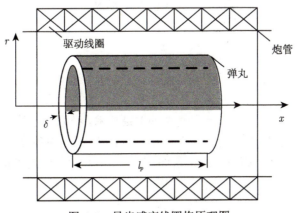

图 6-5 异步感应线圈炮原理图

6.2.2 关键技术问题

纵观异步感应型线圈发射器的研究现状和难点，其关键技术主要包括以下几个方面：电源技术、同步控制技术、材料技术以及系统总体技术等。

1. 电源技术

由于异步感应型线圈发射器对电源电压和频率的要求都很高，能量也相当的大，普通的电源很难满足要求。通常情况下是采用先将初级电源的功率传递给储能系统，将能量储存在脉冲供电系统中，然后在适当的时候进行释放，以满足我们所需要的高能脉冲。目前原理试验样机使用的电源主要有：电容器组、电感储能系统磁通压缩发生器、蓄电池组、脉冲磁流体发电装置、单极脉冲发电机和补偿型脉冲交流发电机等七种形式，每种电源都有其自身的特点和使用价值。从目前研究和实验情况来看，研究的重点是：高能量高储能密度的电容器组、单级发电机、补偿脉冲发电机。这几种电源发展比较迅速，应用也日趋成熟。电源技术的难点在于缩小其体积。

2. 同步控制技术

因为感应型发射需要一持久的磁行波，各相线圈电流应保持一定的相位差，而且驱动线圈的放电要与弹丸的运动密切配合，这就对线圈激励的控制提出了更严格的要求。

3. 材料技术

由于电磁发射是在强脉冲电流下进行发射体加速的,其工作条件比较恶劣,从而对材料的要求也比较高。尤其是异步感应型线圈发射器的弹丸温升较大,加速力也较大,所以对弹丸的耐高温和机械强度要求都很高。

4. 系统总体技术

电磁发射的研究,主要围绕如何提高发射体速度这一核心问题展开,多年以来开展了许多相关单项技术的研究,并取得了长足的发展。单项技术发展到一定程度时,系统总体技术就成为一项十分重要的关键技术。必须从系统的总体部署、各组成部分的功能、选择的技术途径和实施方案等全局出发,为各分系统和零部件的研究发展提出量化指标及相应的约束条件,以求得系统总体综合性能的优化。

6.3 电热化学炮

电热化学炮是一种电发射技术,它是典型的电物理学和化学的结合。由于化学火炮的发展受到它本身固有特性的限制,其初速已不可能再提高,只能在几百米/秒,就是高膛压炮也不过 1600m/s。火炮初速主要受结构强度和所用发射药的气体分子量大的因素限制。为了提高初速,人们从第二次世界大战开始用电脉冲加热产生高温高压等离子体,企图实现用电能加速弹丸到高速,有望可用电热化学炮将弹丸加速到 2.5~3.0km/s。目前,电热化学炮的样机已研制成功,不久即可实现部队列装。

6.3.1 电热化学炮的工作原理

电热化学炮的工作原理是利用大容量、高功率脉冲电源向等离子体发生器中实施高电压、大电流放电,产生高温高速等离子体点燃化学工质,化学工质燃烧生成大量的高温高压气体,高温高压气体膨胀做功推动弹丸前进。图 6-6 是电热化学炮发射系统示意图,主要由电源系统、中间储能部分、脉冲成形网络、开关、等离子体发生器、药室、弹丸和身管等部分组成。

根据弹后空间含能物质的形态电热化学炮一般分为电热化学固体发射药火炮(ETCSPG) 与电热化学液体发射药火炮 (ETCLPG)。图 6-7 与图 6-8 分别为电热化学固体发射药火炮和电热化学液体发射药火炮装药结构示意图。

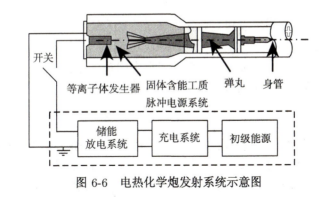

图 6-6 电热化学炮发射系统示意图

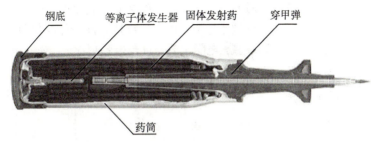

图 6-7 电热化学固体发射药火炮装药结构示意图

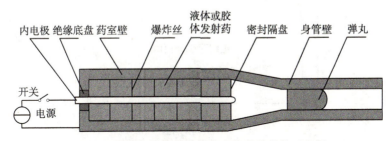

图 6-8 电热化学液体发射药火炮装药结构示意图

6.3.2 电热化学炮的负载特性

在电热化学发射系统中，等离子体发生器是脉冲电源系统放电的主要负载形式，其影响着脉冲成型网络电能的输出规律，直接决定了功率源系统的能量利用效率。

20 世纪 80 年代以来，国内外对等离子体发生器工作特性的理论开展了广泛研究，从等离子体微观模型出发，对放电过程进行了大量的模拟研究工作。这些模型很好地解释了相应的实验现象，但模型理论参数都很复杂，需要很多参量，难以理解和分析使用，而且这些参量的获取，操作也有较大难度。因此本书按集中参数放电电路考虑，将毛细管放电等离子体视为一个时变电阻 R_h，其阻值呈复杂的非线性特性,分为金属丝熔爆阶段和毛细管等离子体电弧阶段。前一阶段的阻值由金属丝相变过程中的电阻率决定,后一阶段的阻值由输入电流、毛细管结构、等离子体工质、温度及压力等确定,可采用毛细管电弧电阻模型进行计算,将温度、压力等影响因素简化为电阻的比例系数:

$$R_h = 0.22 l k^{\frac{8}{11}} a^{-\frac{13}{11}} i^{-\frac{6}{11}} \tag{6-14}$$

式中,l 为毛细管长度,单位 cm;k 为比例常数,对于一定材料的毛细管近似为常数;a 为毛细管截面半径,单位 cm;i 为电热化学炮的输入电流,单位 kA。

将两个阶段电阻特性合并,可得典型的电热化学炮等效电阻,如图 6-9 所示。可见在放电起弧阶段,电阻短时间快速上升,瞬间达到上百毫欧,随后进入等离子体放电阶段,阻值快速下降到仅数十毫欧,在电弧维持时间阻值变化范围不大,当电压不足以维持电弧时,电流衰减,电阻上升,直至电弧熄灭。

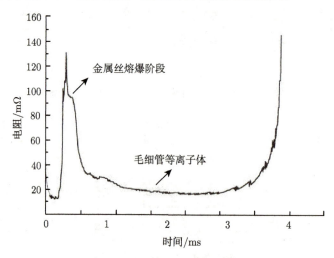

图 6-9 电热化学炮等效电阻

根据以上分析,在仿真平台搭建脉冲发电机驱动电热化学炮系统的联合仿真模型时,可将电热化学炮等效为一个可变电阻,仿真时给定电阻初值得到输出电流,代入式 (6-14) 计算下一时刻的电阻值,再反馈回电路模型中得到新的输出电流,以此循环得到整个放电过程的仿真结果。

电热化学炮的时变电阻模型也可采用查表法,以相同类型电热化学炮的实验数据为基础,给定对应时间下等离子体电弧的等效电阻值,直接代入系统仿真模型中。

6.3.3 未来发现前景与关键技术

电热化学炮与轨道炮相比,需要的外界能量相对较少。相比而言,电热化学炮发射技术在电磁武器中最成熟并最具实现可能,预计电热化学炮将成为目前固体推进剂火炮的替代者。

2006年,采用电热化学发射技术的美国陆军轻型120mmXM-291炮发射试验取得成功,炮口能量已经非常接近17MJ,相当于140mm常规火炮炮口能量的下限值,这表明ETC技术是切实可行的,可集成到现有的火炮系统中。

美国XM-291的成功,证明了继续进行电热化学炮技术的研究并将其集成到现代坦克上是非常可行的。试验虽然取得了成功,但还存在很多需要解决的问题,比如为了进一步提高炮弹的初速,需要对电热化学炮点火进一步探索,使其应用于液体推进剂。另外,电热化学炮技术还应与现有的系统相兼容,以减少在火炮发射时传递给车辆的后坐力,这对于电热化学炮与战车的集成是至关重要的。除了与系统总装有关的问题尚待解决外,电热化学推进技术的主要技术挑战是研制新型高能低易损性发射药。

未来电热化学炮发射技术的发展将主要集中在技术集成和工程化方面,其技术难点主要有以下几个方面。

1. 电源的小型化

从将来实际应用的角度出发,为满足系统集成的要求,电热化学炮所需要的脉冲电源朝着高密度、小型化、高可靠的方向发展。在中大口径ETC中主要起点火作用的电源,储能100~200 kJ,充放电一体,满足10发/min以上的要求,使用寿命1000发以上。图6-10为美国120mm自行电热化学炮用100kJ脉冲电源系统三维模型。

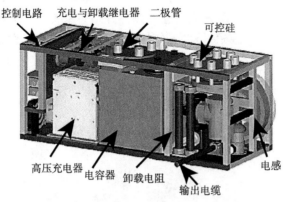

图6-10 美国120mm自行电热化学炮用100kJ脉冲电源系统三维模型

2. 点火技术研究

在不断研发新型发射药新型电极材料及形式,研究等离子体点火的机理及过程,试验不同的点火方式,通过对点火时间的精确控制和温度效应的补偿,提高电热化学炮的性能。目前正在探索的等离子体点火器有两种：闪光板大面积发射体 (FLARE) 和三轴等离子点火器 (TCPI)，见图 6-11。此外，已经开始探索不使用外部电源进行 ETC 点火，而是通过小型爆炸力来触发等离子点火器。

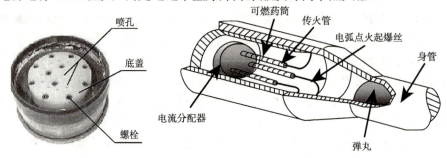

图 6-11 120mm 电热化学炮底喷式及三轴等离子点火器

3. 新型高能高密度发射药和装药技术

ETC 等离子体点火装置可采用更高的发射药装填密度。目前，一般点火装置采用的发射药装填密度为 1.1g/cm^3，而利用 75~250kJ 电能，ETC 等离子点火装置的装填密度则超过 1.2g/cm^3，发射药装填密度的增大将使弹底压力增大，从而提高炮口动能。电热化学推进技术的主要技术挑战是研制新型高能低易损性发射药，即 LOVA 发射药的电热点火 ETI 技术仍然是发展方向之一。

4. 系统集成技术

随着电热发射关键技术的突破和逐渐成熟，电热化学炮的装备和使用已列入发达国家的"议事日程"，其研究关注的焦点开始向系统级技术转移。重视系统集成技术，以及在未来实战条件下的系统性能，如实用性、可靠性、适配性、安全性以及电磁兼容性。图 6-12 为美国轮式 120mm 电热化学炮总体布局概念图。

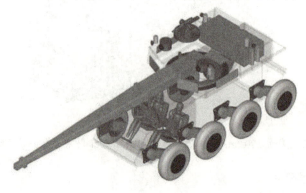

图 6-12 美国轮式 120mm 电热化学炮总体布局概念图

6.4 空芯 CPA 及其负载系统的联合仿真模型

相比于电能与化学能共同作用的电热化学炮,电磁轨道炮仅利用电流产生的安培力推进弹丸,其负载特性更容易通过理论解析表达,因此本节以电磁轨道炮为例,同空芯 CPA 的有限元模型联合,基于有限元软件 Maxwell 与电路软件 Simplorer,建立空芯 CPA 及其负载系统的联合仿真模型。

在 Simplorer 仿真平台下,建立一台两相空芯 CPA 驱动轨道炮系统的有限元与电路联合仿真模型,如图 6-13 所示,仿真模型主要包括三部分:脉冲发电机的 Maxwell 有限元模型,系统的开关器件及控制电路,以及轨道炮子模型。

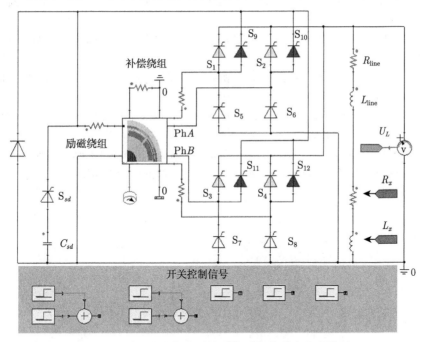

图 6-13 脉冲发电机驱动轨道炮系统的联合仿真模型

以两相双轴补偿空芯 CPA 为例,CPA 的有限元模型有四个电端口,分别对应电机的两相电枢绕组、补偿绕组和励磁绕组,一个机械端口,这里给定电机的转动惯量和初始转速,以描述电机的惯性储能及运行过程中的动能损失。

外电路中,起励电容 C_{sd} 提供种子电流,开关 $S_1 \sim S_4$ 为两组放电整流器的上桥臂,$S_9 \sim S_{12}$ 为两组自激整流器的上桥臂,$S_5 \sim S_8$ 为两组放电与自激整流器共用的下桥臂,分别受各自的触发信号控制。

轨道炮模型为可变电阻与电感的串联电路，每个步长为它们各自写入一个数值来模拟参数的变化。联合仿真计算时以步长为最小单位，在每个步长下，经过电机有限元与外电路的计算，得到这个步长下轨道炮的端电压 U_L 及输入电流 i_L，再通过轨道炮子系统计算弹丸在轨道炮中的位移量，进而求得轨道炮在该步长下的等效电阻与电感，最后将这些参数写入轨道炮模型中，进入下一个步长计算。

参 考 文 献

[1] 王莹, 肖峰. 电炮原理. 北京: 国防工业出版社, 1995.
[2] 赵伟铎. 高传递能量密度空芯补偿脉冲发电机关键问题研究. 哈尔滨工业大学博士学位论文, 2015.
[3] 周长军, 苏子舟, 张涛, 等. 超大炮口动能电磁轨道炮设计与仿真. 火炮发射与控制学报, 2013, (3): 10-14.
[4] 向阳, 古刚, 张建革. 国外电热化学炮研究现状及发展趋势. 舰船科学技术, 2007, 29(A01): 159-162.
[5] 国伟, 张涛, 范薇. 同步感应线圈炮磁耦合仿真分析. 火炮发射与控制学报, 2014, 35(1): 10-14.
[6] Putley D. Current pulse requirements for rail launchers. 8th IEEE International Pulsed Power Conference, San Diego, CA, USA, 1991: 767-770.
[7] Pratap S B, Driga M D, Weldon W F, et al. Future trends for compulsators driving railguns. IEEE Transactions on Magnetics, 1986, 22(6): 1681-1683.

彩 图

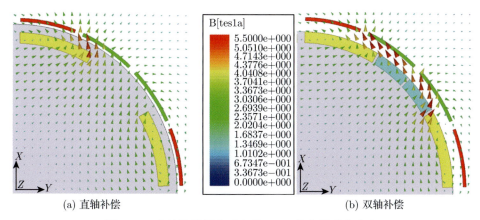

(a) 直轴补偿 (b) 双轴补偿

图 3-24 交轴补偿最大时空芯 CPA 的矢量磁密分布

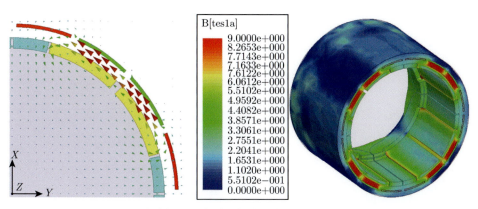

图 3-25 直轴补偿最大时双轴补偿空芯 CPA 的磁密分布

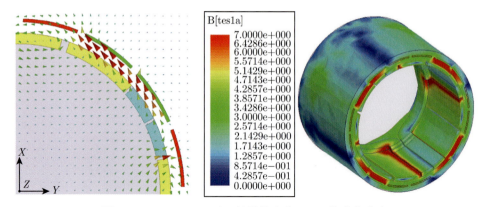

图 3-26 $t=1.05\text{ms}$ 时双轴补偿空芯 CPA 的磁密分布

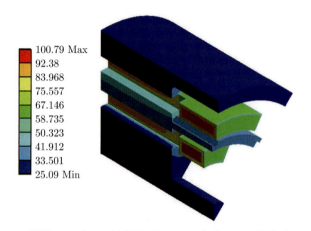

图 4-7 周期 15s 时,19 次放电后 (285s) 空芯 CPA 温度分布云图

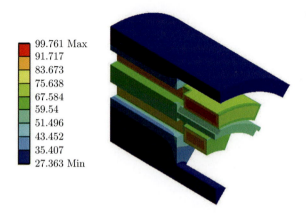

图 4-8 周期 30s 时,30 次放电后 (900s) 空芯 CPA 温度分布云图